Dieses Buch erzählt die Geschichte des Schweizerischen Instituts für Nuklearforschung (SIN). Das Institut wurde 1968 gegründet und ging 1988 ins Paul Scherrer Institut (PSI) über. Die Gründung des SIN erfolgte in einer Zeit, als die Physik weitherum als Schlüsseldisziplin für die technologische und gesellschaftliche Entwicklung galt. Der Schritt war für ein kleines Land wie die Schweiz ungewöhnlich und zeugte von Mut und Weitsicht. Ebenfalls ungewöhnlich waren in der Folge die Leistungen des SIN im weltweiten Vergleich sowie sein Einfluss auf die schweizerische, teils auf die internationale Wissenschaftspolitik.

Dass diese Geschichte nun in allgemein verständlicher Form vorliegt, ist das Verdienst einiger am Projekt beteiligter Physiker, welche die Initiative dazu ergriffen, solange noch Zeitzeugen befragt werden konnten. Wie immer zeigen die offiziellen Dokumente nur einen Ausschnitt der Wirklichkeit. Will man den Menschen, die ihren Beitrag zum Gelingen leisteten, nahe kommen, braucht es persönliche Erinnerungen. Der Text stützt sich auf beides. Er hält zudem die Geschehnisse in zahlreichen Bildern fest.

Andreas Pritzker wurde 1945 in Windisch (Schweiz) geboren. Nach dem Physikstudium an der ETH Zürich arbeitete er zunächst als Forscher und beratender Ingenieur in der Industrie, dann als Forscher im Schweizerischen Institut für Nuklearforschung (SIN). Nach fünfjähriger Tätigkeit im Stab des Schweizerischen Schulrats (heute ETH-Rat) leitete er während fünfzehn Jahren zuerst die Verwaltung, später den Logistikbereich des Paul Scherrer Instituts. Seit 2003 ist er freischaffender Autor und Publizist. Er ist verheiratet und lebt in Küttigen (Schweiz).

Neben Beiträgen in Anthologien sind von ihm die Romane „Filberts Verhängnis" (1990, Neuausgabe 2001), „Das Ende der Täuschung" (1993, Neuausgabe 2004), „Die Anfechtungen des Juan Zinniker" (2007), „Allenthalben Lug und Trug" (2010) sowie die Erzählung „Eingeholte Zeit" (2001) erschienen. Er war Mitherausgeber der Geschichte der REFUNA AG und Herausgeber verschiedener Texte in erzählter Geschichte.

Das Schweizerische Institut für Nuklearforschung SIN

Andreas Pritzker

Dieses Buch erschien erstmals 2013 beim munda Verlag, Küttigen (Schweiz) unter dem Titel „Geschichte des SIN".

Die neue Auflage enthält einige Korrekturen sowie im Hinblick auf eine elektronische Ausgabe eine Nummerierung der Abbildungen.

Umschlagbild vorn: Jean-Pierre Blaser

© 2014 Andreas Pritzker

Herstellung und Verlag:

BoD – Books on Demand, Norderstedt (D)

ISBN 978-3-7357-5069-3

Für alle, die
zum Erfolg des SIN
beigetragen haben

Inhalt

Dank

Im Januar 2012 wurde ich zu einer Besprechung bei Jean-Pierre Blaser eingeladen. Dabei waren auch Werner Joho und Urs Schryber, welche die Initiative ergriffen hatten, die bemerkenswerte Geschichte des Schweizerischen Instituts für Nuklearforschung (SIN) zu schreiben, solange noch Zeitzeugen befragt werden konnten.

Das SIN wurde 1968 als Annexanstalt der ETH gegründet und ging anfangs 1988, zusammen mit dem Eidgenössischen Institut für Reaktorforschung (EIR), ins Paul Scherrer Institut (PSI) über. Jean-Pierre Blaser war der Gründer und einzige Direktor des SIN. Er leitete zudem die „Projektgruppe Fusion EIR-SIN" und wurde der erste Direktor des PSI. Werner Joho und Urs Schryber waren von Anfang an führend an Konstruktion und Bau, dann am Ausbau und Betrieb der Protonenbeschleuniger am SIN und am PSI beteiligt, ebenso an der Konzeption künftiger Grossanlagen, die auf Beschleunigern basierten. Ich selbst war von 1980 bis 1983 als Forscher am SIN tätig, danach bis 1987 im Stab des Schweizerischen Schulrats - heute ETH-Rat - für das Ressort „Annexanstalten" zuständig, und von 1988 bis 2002 leitete ich zuerst die Administration, dann den Logistikbereich des PSI.

In diesem ersten Gespräch wurde eine Vielzahl von Informationen zum SIN genannt. Schon daraus ging hervor, dass dem SIN in der schweizerischen Wissenschaftsgeschichte eine bedeutende Stellung zukommt.

Im Lauf des Jahres 2012 sammelte ich die notwendigen Informationen zur Geschichte des SIN. Als wichtigste und systematische Quelle dienten mir dessen Jahresberichte. Diese waren anfänglich von Dr. h.c. A. Brunner redigiert worden, der sich als Wissenschaftsjournalist betätigte und in der NZZ allgemein verständliche Artikel beispielsweise über das CERN und das SIN schrieb. Einfach in der Aufmachung, vermitteln diese Jahresberichte jedoch alle wichtigen Informationen über das SIN.

Zur Vorgeschichte konnte ich mich auf die Schriften von Hermann Wäffler, Kurt Alder sowie Charles P. Enz et al. stützen. Jean-Pierre Blaser fasste wichtige Aktivitäten des SIN in Notizen zusammen und fügte Ergänzungen an. Werner Joho und Erich Steiner begleiteten die Entstehung des Textes aktiv und überliessen mir persönliche Erfahrungsberichte sowie Bilder. Da Erich Steiner am SIN beim Aufbau der experimentellen Einrichtungen beteiligt gewesen war – später leitete er den Hochstromausbau und schliesslich am PSI den Bereich Grossforschungsanlagen sowie das Projekt Spallationsneutronenquelle – vertraten Joho und Steiner die beiden anfänglichen Aufbaubereiche des SIN. Urs Schryber korrigierte und ergänzte eine frühe Version des Textes. Ralph Eichler kommentierte den Text und versah mich mit Unterlagen zu den Schulratsgeschäften über die Zukunft von EIR und SIN (inklusive Hayek-Studie) sowie zur B-Mesonenfabrik. Weitere Dokumente zur Hayek-Studie lieh mir Karsten Bugmann. Dieter Brombach lieferte der PSI-Bibliothek im

Sommer 2012 wertvolle, teils verschollene Dokumente. Sehr hilfreich bei der Suche nach Unterlagen war Urs Brander, der Leiter der PSI-Bibliothek. Wichtige Hinweise und Korrekturen zum gesamten Text erhielt ich von Christoph Tschalär und Wilfred Hirt und zur Teilchentherapie von Eros Pedroni.

Auf allgemeine Informationen konnte ich mittels Internet zugreifen. Nutzbringend waren vor allem die Publikation der amtlichen Sammlung des Bundes, das Historische Lexikon der Schweiz sowie das Wissensportal der ETH-Bibliothek in Zürich.

Fotos stellten mir freundlicherweise das Bildarchiv des PSI, Werner Joho, Erich Steiner und Jean-Pierre Blaser zur Verfügung. Ebenfalls steuerte Christa Markovits Bilder bei. Verschiedene Bilder stammen aus den Jahresberichten des SIN. Einige Fotos konnte ich von der ETH-Bibliothek erwerben. Das CERN sowie das Lawrence Berkeley National Laboratory stellten mir Bilder in hoher Auflösung zur Verfügung. Verschiedene Fotos fand ich im Internet.

Alt Staatssekretär Heinrich Ursprung war bereit, in einem Vorwort seine Eindrücke zum SIN zu schildern – er hatte das Institut jahrelang begleitet als Präsident der ETH Zürich, dann als Präsident des Schweizerischen Schulrats (ab 1992 ETH-Rat). Schliesslich fasste Jean-Pierre Blaser, zusätzlich zu den vielen Informationen, die in den Text eingeflossen sind, seine Gesamtsicht des SIN sowie seine Betrachtung zur Wissenschaftspolitik in einem persönlichen Rückblick zusammen.

Die Drucklegung dieses Buchs wurde von der ETH Zürich und vom PSI Villigen finanziell unterstützt.

Allen, die zum Gelingen dieses Werks beigetragen haben, sei an dieser Stelle herzlich gedankt.

Andreas Pritzker

Vorwort von Heinrich Ursprung

Planung und Fortentwicklung von Hochschulen sind anspruchsvolle Aufgaben. Die involvierten Zeitkonstanten sind gross. Will man etwa einen bestehenden Studiengang aus dem Angebot streichen, bemisst sich der Bremsweg in Semestern, zum Bachelor etwas weniger als zum Master, zum Doktor mehr. Will man eine neue Forschungsrichtung ins Sortiment nehmen, müssen Forschungsinhalte erarbeitet und Infrastrukturen projektiert werden. Weil man Wissenschaftspolitik nicht ohne Wissenschafter umsetzen kann, stellt sich früher oder später die Frage nach (neuen) Leitfiguren.

Geradezu exemplarisch ist an der ETH Zürich die Planung und Fortentwicklung der Physik erfolgt. In den 1950er Jahren lag der Schritt von der Kernphysik zur Teilchenphysik in der Luft. Auf der internationalen Ebene wurde das CERN gegründet. Vordenker in einzelnen Ländern dachten sich, Zugang zu dieser grossartigen Einrichtung würden Physiker finden, die sich an Beschleunigern zu Hause auf die gewaltigen experimentellen Möglichkeiten am CERN hätten vorbereiten können. Paul Scherrer war unter Schweizer Physikern früh tonangebend in der Frage des Übergangs von der Kernphysik zur Hochenergiephysik. Res Jost erkannte als Theoretiker das Potenzial der Teilchenphysik auch für die Theorie. Und Schulratspräsident Hans Pallmann, Professor für Agrikulturchemie, verfügte über die Entschlusskraft, 1959 sich für die grossen Pläne der Physiker einzusetzen. Gestützt auf seinen Antrag wählte der Bundesrat 1959 Professor Jean-Pierre Blaser zur Leitfigur.

*

Am 1. Oktober 1973 übernahm ich das Präsidium der ETH-Zürich. Fortan hatte ich das Vergnügen, SIN-Direktor Blaser regelmässig zu treffen, vor allem im Präsidialausschuss des Schweizerischen Schulrats. In diesem Gremium mit dem etwas despektierlichen Namen waren unter Leitung des Schulratspräsidenten die Präsidenten der beiden ETHs Zürich und Lausanne und die Direktoren der damals fünf Forschungsanstalten versammelt. Jeder vertrat die Interessen der ihm unterstellten Institution, soweit die Anliegen im Zuständigkeitsbereich des Schulrats lagen. Mehr als anderthalb Jahrzehnte lang wurde ich Zeuge der Art und Weise, wie Blaser Aufbau und Fortentwicklung des SIN gestaltete, leitete und vertrat. Seine Voten waren meistens kurz, immer folgerichtig. In Diskussionen hatte er als Schnelldenker auf jede Frage eine nachvollziehbare Antwort. Nicht alle Mitglieder des Gremiums verfügten über gleich hohe Dossier-Sicherheit wie er; das führte gelegentlich zu Spannungen, durch die er sich aber nicht beirren liess. Amtssprachen in diesen Sitzungen, wie auch im Schulratsplenum, waren Deutsch und Französisch, Blaser beherrschte beide.

Auch in einer Reihe anderer Gremien erlebte ich Diskussionen über das SIN, allein oder mit Blaser, in Kommissionen der Eidgenössischen Räte bei der Vorbereitung von Parlamentsbeschlüssen, in Arbeitsgruppen von Bundesämtern bei der Beratung von Kreditvorlagen, in wissenschaftspolitischen Gremien. Oft stand die Frage im Raum, ob das SIN seiner Aufgabe als Benützerlaboratorium gerecht werde, oder ob beim einen oder anderen Ausbauvorschlag nicht Eigennutz im Vordergrund stand. Solche Fragen kamen meistens, direkt oder indirekt, aus Universitätskreisen, deren Bundeskredit-Töpfe ja in der Nähe der Töpfe für den ETH-Bereich standen. Meine Besuche am CERN, am DESY, in Grenoble, Los Alamos, Brookhaven, Oak Ridge hatten mir vor Augen geführt, dass gute Benützerlaboratorien solchem Argwohn halt ausgesetzt sind. Eine Direktion, die sich Exzellenz der an ihrer Institution betriebenen Forschung auf die Fahnen schreibt, handelt zu Recht elitär.

Für mich war bald klar, dass das SIN zu einer Forschungsstätte geworden war, die den Vergleich mit anderen international renommierten Institutionen nicht zu scheuen brauchte.

*

Ende 1987 beschloss der Bundesrat, die beiden Forschungsanstalten EIR und SIN im PSI zu fusionieren. Gesucht war eine Leitfigur. Als Schulratspräsident wurde ich mit gleich lautenden Ratschlägen überhäuft: Weder der EIR-Direktor noch der SIN-Direktor kämen als Leitfigur infrage, nein, nur eine neue Kraft von aussen könne „die beiden Kulturen" zu einem neuen Ganzen verschweissen. Ich hörte die Argumente, glaubte sie aber nicht. Blaser kannte doch diese „Kulturen" – so weit es sie gab – durch jahrelangen Anschauungsunterricht. Er hatte die Fusion unterstützt und dann minutiös vorbereitet. Er wusste, wie man bestehende Stärken zusammenführt, damit deren Wirkung sogar zunimmt. Er wusste, wie man Mitarbeiter zu Höchstleistungen motiviert. Blaser wurde vom Bundesrat zum Direktor des PSI gewählt.

Für die Schweizer Wissenschaft war das ein Glücksfall. Blaser hat auch diese Aufgabe mit Bravour gemeistert und damit die Grundlage geschaffen, dass aus den Stärken von SIN und EIR die Strahlkraft des PSI werden konnte.

*

Lieber Jean-Pierre: herzlichen Dank!

Heinrich Ursprung

1. Vorgeschichte

1.1 *Die Einführung der Kernphysik an der ETH in Zürich*

Die 1930er Jahre waren durch eine stürmische Entwicklung der Physik des Atomkerns gekennzeichnet. Die Entdeckung des Neutrons (die Fachausdrücke sind im Glossar im Anhang erklärt) durch James Chadwick im Jahr 1932 und die erstmalige Herstellung radioaktiver Isotope durch Frédéric und Irène Joliot-Curie 1933 führten zum Modell eines aus Neutronen und Protonen zusammengesetzten Kerns, auf dem eine systematische Forschung aufgebaut werden konnte. Paul Scherrer, der damals das Physikalische Instituts der ETH leitete, war von der neuen Forschungsrichtung fasziniert. Er erkannte schon früh ihre Zukunftsmöglichkeiten und beschloss, sie an seinem Institut einzuführen. Mit diesem Entscheid begann an der ETH eine in Europa herausragende Weiterentwicklung der Kernphysik.

Die kernphysikalischen Experimente folgten alle dem Schema, dass bestimmte Materialien mit schnellen Teilchen – zum Beispiel Protonen oder Deuteronen (schwere Wasserstoffkerne) – beschossen wurden. Die meist positiv geladenen Projektile mussten auf eine genügend hohe Energie beschleunigt werden, sodass sie trotz der elektrostatischen Abstossung mit den ebenfalls positiv geladenen Atomkernen kollidieren und dabei eine Reaktion auslösen konnten. Die Untersuchung der Reaktionen und ihrer Produkte ermöglichte es, neue Erkenntnisse in der Kernphysik zu gewinnen.

Instrumente für die kernphysikalische Forschung waren also Teilchenbeschleuniger. Diese waren im wesentlichen Hochspannungsgeneratoren. Sie errichteten ein starkes elektrisches Feld, welches geladene Teilchen beschleunigte. Das Mass für die dabei erzielte Teilchenenergie war das Elektronenvolt (siehe Glossar).

Im Lauf der Jahre baute die ETH verschiedene derartige Einrichtungen. Die Erfahrungen zeigten bald, dass mit zunehmender Energie der Projektile mehr und komplexere Kernreaktionen erzeugt wurden, die wiederum mehr auszuwertende Informationen hergaben. Anfänglich erbrachten die Beschleuniger noch keine hohen Teilchenenergien. An der ETH war ab 1936 ein sogenanntes Kanalstrahlrohr im Gebrauch, welches bis zu 140 Kilovolt erzeugte. 1938 baute Hermann Wäffler auf Anregung von Paul Scherrer, der für die nötigen Mittel sorgte, im Physikgebäude an der Gloriastrasse auf zwei Stockwerken einen Bandgenerator nach van de Graaff, den er 1940 in Betrieb nehmen konnte. Dieser lieferte eine Beschleunigungsspannung von 800 Kilovolt. Wäffler und seine Kollegen nützten diese Anlage zehn Jahre lang vor allem für Messungen des Kern-Photoeffekts.

Die Landesausstellung von 1939 veranlasste das Physikalische Institut der ETH zusammen mit der Zürcher Firma Micafil, eine Anlage zur Erzeugung einer Hochspannung mittels Gleichstrom herzustellen, den sogenannten Tensator (Bild 1). Dieser beruhte auf dem Prinzip von Cockroft und Walton und benützte die vom

Schweizer Physiker Heinrich Greinacher entwickelte Schaltung für die Spannungs-vervielfachung. Er wurde an der „Landi" ausgestellt und anschliessend in einer der von früheren Versuchen verbliebenen Kavernen beim Physikgebäude unterge-bracht. Federführend bei dieser Maschine war Werner Zünti. Der Tensator erreichte eine Spannung von rund 700 Kilovolt und wurde bis in die 1960er Jahre vor allem als Neutronengenerator verwendet.

Bild 1: Micafil-Tensator an der ETH

Bei den erwähnten Anlagen ging es um die Beschleunigung von Teilchen mit ei-ner konstanten hohen Gleichspannung. Starteten die Teilchen bei Null, wurden sie durch die Hochspannung direkt beschleunigt und verliessen die Beschleunigerstrecke mit der gewünschten Energie. Mit den vorhandenen technischen Möglichkeiten für die Hochspannung erreichten die Physiker in den 1930er Jahren mit 3 Megavolt eine vorläufige obere Grenze.

In den USA beschritt Ernest O. Lawrence, zusammen mit seinem Mitarbeiter M. Stanley Livingston, für die Erzeugung noch höherer Energien einen neuen Weg. Er baute anfangs der 1930er Jahre an der Universität Berkeley, Kalifornien, das erste Zyklotron. Mit der Weiterentwicklung der ersten Maschine erreichte er für Deuteronen bereits Energien von 6.3 MeV. Dies eröffnete weltweit neue Forschungsmöglichkeiten. Lawrence stellte damit viele zuvor unbekannte radioaktive Isotope der bekannten Elemente und zum Teil sogar vollkommen neue Elemente her. Mit einem noch leistungsfähigeren Zyklotron konnte er 1941 erstmals die aus der kosmischen Strahlung bekannten Mesonen erzeugen. Später beschäftigte er sich mit medizinischen und biologischen Anwendungen des Zyklotrons.

Bild 2: M. Stanley Livingston und Ernest O. Lawrence vor dem 27-Inch-Zyklotron am alten Radiation Laboratory der Universität Berkeley, Kalifornien, 1934

Lawrence war auf die Idee des Zyklotrons gekommen, nachdem er die 1928 publizierte Arbeit von Rolf Wideröe über einen Linearbeschleuniger gelesen hatte. Er realisierte, dass in einem homogenen Magnetfeld die Umlauffrequenz der Teilchen unabhängig ist von ihrer Energie (Isochronie). Damit können mit einer konstanten Frequenz der Hochspannung kontinuierlich alle Teilchen beschleunigt werden, die gleichzeitig durch die Beschleunigungsstrecke fliegen, unabhängig von ihrer radialen Position. Dies führt zu einem kontinuierlichen Strahl und damit zu einer viel grösseren Intensität als bei einem gepulsten Strahl wie z.B. beim später entwickelten Synchrotron.

Das neue Beschleunigerprinzip fand weltweit grosses Interesse. In Europa begannen Ende der 1930er Jahre verschiedene Institute mit dem Bau von Zyklotronen. Auch Paul Scherrer, der derartige Entwicklungen mit wachem Interesse verfolgte, wünschte ein solches Instrument für die ETH.

Die Hauptkomponenten des Zyklotrons, nämlich ein grosser Elektromagnet und ein starker Hochfrequenzsender, waren teuer. Ihre Herstellung erforderte zudem Professionalität, was einen Eigenbau ausschloss. Ausserdem konnte eine derartige Anlage wegen des Strahlenschutzes nicht in bestehenden Institutsräumen untergebracht werden, sondern brauchte ein eigenes Gebäude.

Das Zyklotron

Das klassische Zyklotron besteht aus einem grossen Elektromagneten, zwischen dessen Polen sich eine flache, runde Vakuumkammer befindet. Im Innern der Kammer hängen zwei hohle, halbkreisförmige Metallkammern, die wegen ihrer D-ähnlichen Form „Dee" oder Duanden genannt werden. Zwischen den Kammern befindet sich der Beschleunigungsspalt. Am äusseren Rand der Kammer ist ein Ablenkkondensator (Septum) angebracht, der zur Herausführung (Extraktion) des Teilchenstrahls in Richtung auf ein bestimmtes Ziel dient. Die Ionen – beispielsweise Protonen – werden mit geringer Energie aus ihrer Quelle in eine der Kammern injiziert. Das Magnetfeld leitet sie auf eine kreisförmige Bahn. Da die Ionen bei jeder Durchquerung des Spalts beschleunigt werden, nimmt ihr Bahnradius im Magnetfeld zu. Daraus resultiert eine spiralförmige Bahn, die vom Zentrum bis zum äusseren Rand führt. Das elektrische Feld im Spalt wird durch eine hochfrequente Wechselspannung von Grössenordnung 100'000 Volt erzeugt. Die Frequenz der Hochspannung muss der Bahnumlauffrequenz der Ionen oder einem Vielfachen entsprechen, damit diese beim Durchlaufen des Spalts immer mit der passenden Phase der Hochfrequenz übereinstimmen und somit beschleunigt (statt gebremst) werden.
Pro Umlauf werden beim klassischen Zyklotron somit jeweils zwei Beschleunigungsstrecken wirksam. Wegen der Mehrfachnutzung der Beschleunigungsstrecken sind Kreisbeschleuniger (Zyklotrone, Synchrotrone) effizienter als Linearbeschleuniger und zudem viel kompakter.

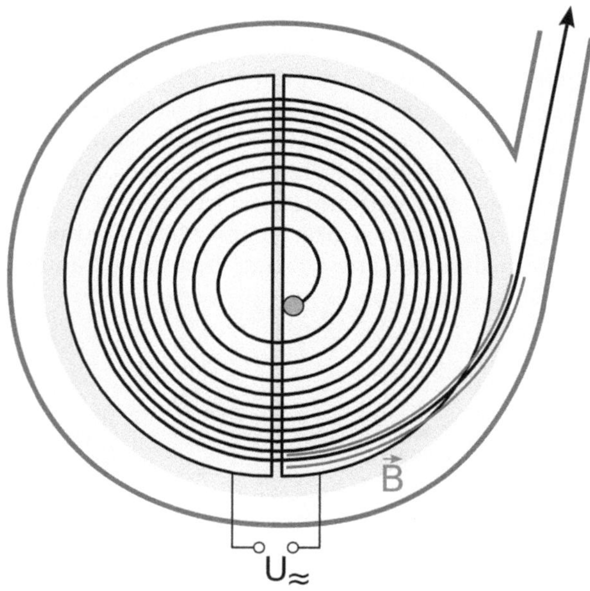

Bild 3: Schema eines Zyklotrons (Aufsicht auf die Mittelebene) mit den zum Rand hin abnehmenden Abständen zwischen den Teilchenbahnen sowie der Extraktion des Strahls mittels eines gekrümmten Plattenkondensators.

Wie Hermann Wäffler in seiner Geschichte über die Kernphysik an der ETH schreibt, waren die Voraussetzungen günstig, um anfangs der 1940er Jahre ein derartiges Grossprojekt zu starten. Mittlerweile waren im Beschleunigerbau Erfahrungen gesammelt worden, welche die Aussichten auf eine Lösung der mit dem Projekt verbundenen technischen Probleme erhöhten. Zudem hatte die ETH die Anstellungsbedingungen am Physikalischen Institut verbessert, und da der inzwischen ausgebrochene Krieg eine wissenschaftliche Karriere im Ausland auf unbestimmte Zeit verunmöglichte, waren junge Physiker bereit, sich auf längere Zeit für den Bau eines ETH-Zyklotrons zu engagieren

Allerdings fehlten die Mittel für das Projekt. Scherrer beschloss daher, durch eine Reihe von Vorträgen Persönlichkeiten aus der Wirtschaft als Donatoren zu gewinnen. Der Erfolg war dank Scherrers hoch entwickelter Kunst der allgemein verständlichen Darstellung physikalischer Vorgänge überwältigend. Das Institut erhielt namhafte Zuwendungen für den Fonds zum Bau des Zyklotrons. Walter Boveri, der Delegierte des Verwaltungsrats der BBC, ein Freund und Gönner von Scherrer, unterstützte das Projekt tatkräftig: Die Firma übernahm den Bau des Hochfrequenzsenders und stellte zudem Fachpersonal zum Aufbau der Anlage am Institut zur

Verfügung. Die Maschinenfabrik Oerlikon führte Konstruktion und Bau des 40 Tonnen schweren Elektromagneten durch.

Die meisten übrigen Komponenten konnten am Physikalischen Institut entworfen und gefertigt werden, wobei zum Teil neue Wege beschritten wurden. Federführend waren dabei die Doktoranden Peter Preiswerk, Pierre Marmier und Jean-Pierre Blaser. Die ETH finanzierte den Bau des Zyklotrongebäudes. Dieses bestand aus einem quadratischen Raum von 240 Quadratmetern Grundfläche und drei Metern Innenhöhe. Des Strahlenschutzes wegen wurde es drei Meter tief ins Erdreich eingelassen und durch einen unterirdischen Gang mit dem Institutsgebäude verbunden.

Bild 4: Das ETH-Zyklotron

Das ETH-Zyklotron (Bild 4) ermöglichte Kernreaktionen mit Protonen und Deuteronen und war für eine Energie von 15 MeV projektiert. Bei der Inbetriebnahme zeigte sich ein unerwarteter und nicht verstandener Effekt. Der Umlaufsinn der Teilchen in der Zyklotronkammer hätte symmetrisch sein und somit beide Richtungen erlauben sollen. Er war jedoch asymmetrisch und entsprach nicht der Konstruktion der Maschine, sodass sich der Strahl nicht auslenken liess. Vorerst konnten nur Proben im Innern der Kammer bestrahlt werden. Da es nicht gelang, diese Asymmetrie zu verstehen und zu beseitigen – damals gab es noch keine Computer! –, mussten die

Physiker die Anlage umbauen, indem sie die Zyklotronkammer wendeten. Hierauf liess sich der Teilchenstrahl extrahieren.

Das ETH-Zyklotron diente von 1944 bis 1964 ausschliesslich der Beschleunigung von Protonen. Es zeigte sich nämlich, dass die bei Protonenreaktionen auftretenden Phänomene zu so vielseitigen und interessanten Fragestellungen Anlass gaben, dass die Zyklotron-Arbeitsgruppen damit voll ausgelastet waren.

Als sich die Nutzungsmöglichkeiten des ETH-Zyklotrons langsam erschöpften, war die Zeit gekommen, um sich über eine leistungsfähigere kernphysikalische Anlage Gedanken zu machen. Zu diesem Zweck gründete Scherrer eine Zyklotronplanungsgruppe (siehe Abschnitt 2.1).

1.2 *Der Schritt zur Hochenergiephysik: Die Gründung des CERN in Genf*

Die Forschungsergebnisse der 1930er und 1940er Jahre in der Kernphysik ermutigten die Physiker, die Energie der beschleunigten Teilchen um Grössenordnungen zu steigern. Dieser Trend zur Hochenergiephysik ging übrigens, wie damals alle derartigen Entwicklungen, von den USA aus. Er brachte es mit sich, dass die Teilchenbeschleuniger immer grösser und technisch komplexer wurden. Nicht nur ihr Bau, sondern auch ihr späterer Betrieb wurden aufwendiger und stellten zunehmend professionelle Anforderungen. Diese überstiegen das Niveau von einzelnen Hochschulinstituten. Verschiedene Länder gründeten zu diesem Zweck daher nationale Forschungsinstitute. Für die Teilchenphysik bei höchsten Energien mit sehr grossen und teuren Maschinen zeichnete sich gar ein internationales Zusammengehen als sinnvoll ab.

Nach dem Zweiten Weltkrieg stand die Wissenschaft im meist kriegsversehrten Europa nicht mehr an der Weltspitze. Eine Anzahl von bekannten europäischen Wissenschaftern aus dem Bereich der Atom- und Kernphysik – darunter Louis de Broglie, Pierre Auger und Lew Kowarksi in Frankreich, Edoardo Amaldi in Italien und Niels Bohr in Dänemark – ergriffen daher die Initiative zur Gründung einer europäischen Organisation für Forschung in Kernphysik. Mit einem europäischen Forschungslabor würde einerseits die Zusammenarbeit zwischen den Forschern verschiedener Länder gefördert, und anderseits würden die Kosten der immer teureren kernphysikalischen Apparaturen gemeinsam getragen.

Im Rahmen einer UNESCO-Konferenz von 1951 in Paris unterzeichneten elf europäische Länder ein Abkommen zur Gründung eines „Conseil Européen pour la Recherche Nucléaire" (CERN). Der Rat nahm seine Planungsarbeit auf. Bereits an der dritten Sitzung (Bild 5) – die übrigens von Paul Scherrer präsidiert wurde – 1952 bestimmte er Genf zum Sitz des zukünftigen Labors. 1953 stimmte der Kanton Genf diesem Vorhaben in einer Volksabstimmung zu, und im gleichen Jahr wurde der CERN-Vertrag verabschiedet. Nachdem ihn die inzwischen zwölf beteiligten europäischen Länder, darunter die Schweiz, ratifiziert hatten, wurde 1954 die Europäische Organisation für Kernforschung gegründet. Sie behielt den Namen CERN.

Schweizer Gruppen waren am CERN von Anfang an vertreten, da die Schweiz den Anschluss an die Hochenergiephysik nicht verpassen wollte. Sie beteiligte sich mit jährlichen Beiträgen von anfänglich rund 3 Millionen Franken an dieser europäischen Forschungsgemeinschaft.

Bild 5: Dritte Sitzung des provisorischen CERN-Rats am 4. Oktober 1952 in Amsterdam. Neben dem Entscheid für Genf als Standort beschloss der Rat, ein 25-30 GeV-Protonensynchrotron zu bauen. Links hinten ist als Vorsitzender Paul Scherrer zu sehen, rechts daneben am selben Tisch Pierre Auger, Niels Bohr, Lew Kowarski und Peter Preiswerk.

Im Jahr 1957 nahm das CERN mit dem 600 MeV-Synchrozyklotron seinen ersten Teilchenbeschleuniger in Betrieb. Dieses erlaubte Experimente nicht nur in Kern-, sondern auch in Teilchenphysik. Nach 1964 wurde es vor allem für Kernphysik genutzt, da seit 1959 für die Teilchenphysik das neue Protonensynchrotron mit 28 GeV zur Verfügung stand. Beide Maschinen hatten eine lange Nutzungsdauer. Das Synchrozyklotron lieferte später, von 1967 bis 1990, Protonen für die ISOLDE-Anlage. Diese diente der Produktion einer grossen Vielfalt von instabilen, radioaktiven Ionen für Experimente, die von reiner Kernphysik bis zur Festkörperphysik und zu medizinischen Anwendungen reichten. Das Protonensynchrotron seinerseits war für kurze Zeit weltweit der Beschleuniger mit der höchsten Teilchenenergie. Nachdem das CERN in den 1970er Jahren neue Beschleuniger baute, diente es vor allem als Injektor für die neuen Maschinen.

Wie kam die Schweiz zum CERN?

Jean-Pierre Blaser berichtet die folgende Anekdote: Das Rundschreiben mit dem Vorschlag zur Gründung des CERN sandte Pierre Auger an die Vorsteher aller Physik-Institute in Europa, so auch an Paul Scherrer. Dieser war vom Projekt nicht begeistert und warf den Brief in den Papierkorb. Peter Preiswerk, damals Titularprofessor an der ETH, hatte 1950 an einer Versammlung der Kommission für wissenschaftliche Zusammenarbeit in Europa teilgenommen, an der bereits über ein europäisches Labor für Hochenergiephysik diskutiert wurde. Ihm war die Bedeutung der Initiative klar. Er rettete das Schreiben aus dem Papierkorb und brachte Scherrer dazu, positiv darauf zu antworten. Scherrer sah dann ein, dass nur ein europäischer Zusammenschluss Anlass zur Hoffnung bot, den Vorsprung der USA in der Kernforschung aufzuholen. So förderte er die Realisierung des CERN mit allen Kräften und unterstützte die Wahl von Genf als Standort. Auch Preiswerk war später massgeblich am Aufbau des CERN beteiligt. 1954 übernahm er die Bauabteilung des CERN und war in dieser Funktion verantwortlich für die Gestaltung und den Bau der Gebäude und Installationen in Meyrin. 1961 bis 1971 amtete er schliesslich als Leiter der Abteilung für Kernforschung beim CERN.

2. Die Mesonenfabrik: Von der Vision zum Beschluss

2.1 Die Zyklotronplanungsgruppe

Als sich die Nutzungsmöglichkeiten des ETH-Zyklotrons langsam erschöpften (siehe Abschnitt 1.1), gründete Paul Scherrer in der zweiten Hälfte der 1950er Jahre zusammen mit den Physikinstituten der Universitäten Basel und Zürich die sogenannte Zyklotronplanungsgruppe. Diese plante mit einem Budget von 10 Millionen Franken den Bau eines neuen, grösseren Beschleunigers. Obschon die angestrebte Maschine für die Kernphysik und nicht für die Hochenergiephysik eingesetzt werden sollte, stellten ihre Kosten für Bau und Betrieb, verglichen mit dem bestehenden ETH-Zyklotron, eine neue Grössenordnung dar. Das war auch der Grund, weshalb die ETH das Projekt zusammen mit den Universitäten Basel und Zürich verfolgte.

Die Gruppe wurde von Peter Stähelin geleitet. Der ehemalige Scherrer-Schüler – er amtete später von 1960 bis 1967 als Forschungsdirektor am Deutschen Elektronen-Synchrotron (DESY) – hatte bei seiner Rückkehr aus den USA das Projekt eines Zyklotrons für schwere Ionen mitgebracht. Das Konzept entsprach jenem des 88-Inch-Zyklotrons an der Universität Berkeley, Kalifornien.

Bild 6: Bob Smith, Hans Willax und Elmer Kelly (von links) während des Probelaufs des 88-Inch-Zyklotrons am 12. Dezember 1961.

Stähelin delegierte einige Mitarbeiter, nämlich Hans Willax, Hans Baumann und Paul Lanz, zur Ausbildung dorthin. Ein Foto auf der Internetseite des Lawrence Berkeley Labs (Bild 6) zeigt Hans Willax mit den amerikanischen Kollegen beim Versuchslauf des Zyklotrons im Dezember 1961.

Zu Beginn der 1960er Jahre war für den Schweizerischen Schulrat als Leitungsbehörde der ETH und insbesondere auch für dessen damaligen Präsidenten Hans Pallmann eine Fortsetzung der dynamischen Entwicklung der Physik mit ihrer internationalen Ausstrahlung sehr erwünscht. Zudem fühlte sich die ETH berufen, Initiativen von nationaler Bedeutung zu ergreifen.

Das passte gut ins politische Umfeld, welches die grossen wissenschaftlich-technischen Entwicklungen während und nach dem Zweiten Weltkrieg als relevant für die Gesellschaft wertete. Speziell galt die Physik nun als zentrale Wissenschaft. Kernphysik und Festkörperphysik avancierten zu Hauptgebieten. Sie hatten bedeutende Errungenschaften hervorgebracht, so etwa die Kernenergie, die Halbleiterelektronik, Laser und Maser, Radar sowie bildgebende Anwendungen in der Medizin.

Der Schulrat befasste sich in diversen Sitzungen in den Jahren 1958 und 1959 mit der Entwicklung der Physik an der ETH. Themen waren, unabhängig vom bevorstehenden Rücktritt von Paul Scherrer, die Schaffung von zwei neuen Physikprofessuren, die Arbeit am geplanten Zyklotron sowie die Nachfolgeregelung des 1958 verstorbenen Theoretikers Wolfgang Pauli. In der Schulratssitzung vom Januar 1959 wurde erwähnt, dass die ETH-Professoren Scherrer, Marmier, Busch und Jost, ebenso die Professoren Staub und Heitler von der Universität Zürich und Professor Paul von der Universität Bonn eine baldige Wahl von Jean-Pierre Blaser, Direktor des Observatoriums Neuenburg und Dozent an der dortigen Universität, zum Professor befürworteten. Dessen Kandidatur hatte der Schulrat schon früher in Erwägung gezogen, aber dann zurückgestellt, „um die kantonalen Lehr- und Forschungsinstitutionen nicht ohne Not ihrer besten Kräfte zu berauben." Nun betrachtete er die Eignung Blasers als derart gross, dass er auf diese Rücksichtnahme verzichtete. Im Protokoll heisst es: „Er ist einer der wenigen Schweizerphysiker, die die Hochenergieforschung aus eigener Arbeit kennen und über Mesonenphysik publizierten. ... Er ist vielseitig, experimentell und auch pädagogisch sehr begabt." Der Schulrat beschloss, dem Bundesrat die Wahl Blasers mit Arbeitsbeginn am 1. Oktober 1959 zu beantragen.

Jean-Pierre Blaser übernahm bei seinem Amtsantritt 1959 die Zyklotronplanungsgruppe von Scherrer. Im Hinblick auf dessen baldige Emeritierung 1960 machte er sich daran, die Zielsetzungen der laufenden Projekte am Physikinstitut der ETH neu zu evaluieren. Unter dem Eindruck der weltweiten Entwicklung strebte Blaser anstelle des von Stähelin propagierten Zyklotrons eine Maschine an, die den Einstieg in die Hochenergiephysik ermöglichte.

Dieser Einstieg war hochaktuell. Im Juni 1959 fand eine Besprechung zwischen

Schulratspräsident Pallmann und Res Jost, ETH-Professor für Theoretische Physik, zur Hochenergiephysik statt. Jost betrachtete diese als fruchtbares Arbeitsgebiet mit der Möglichkeit, in vielen Bereichen der Physik vertiefte Erkenntnisse zu gewinnen. Im Hinblick auf die baldige Nutzung des am CERN in Betrieb gehenden Protonensynchrotrons, dessen Experimente bereits in Planung waren, empfahl er, unverzüglich eine Hochenergiephysik-Gruppe aufzubauen. Dabei kam auch die Möglichkeit einer nationalen Maschine von typisch 600 MeV zur Sprache. Es setzte sich nämlich die Ansicht durch, dass nur solche Länder effiziente Forschung am CERN betreiben konnten, die selbst über grössere kernphysikalische Anlagen verfügten.

Jean-Pierre Blaser

Jean-Pierre Blaser wuchs in Zürich auf, nachdem sein Vater, Direktor der Handelsschule in La Chaux-de-Fonds, ans Gymnasium Zürich berufen wurde. Dabei hielt Blaser seine Beziehung zu Neuchâtel aufrecht. Er schloss die Oberrealschule Zürich mit der C-Matur ab und begann an der Universität Zürich mit dem Studium der Chemie und Mathematik. Im dritten Semester wechselte er auf Anraten von Professor Louis Kollros, der an der ETH Geometrie lehrte und wie Blasers aus La Chaux-de-Fonds stammte, an die ETH, um Physik zu studieren. Er fand jedoch bei Paul Scherrer kein passendes Diplomthema und schloss daher seine Diplomarbeit 1948 bei Professor Georg Busch in Infrarotspektroskopie ab. Blaser interessierte sich für Astronomie, fand aber kein Einvernehmen mit dem Lehrstuhlinhaber und wurde daher Assistent von Paul Scherrer, zusammen mit Pierre Marmier und Peter Preiswerk. Mit diesen Kollegen war er massgeblich am Bau des ETH-Zyklotrons beteiligt. 1952 schloss er mit einer Dissertation über Protonen-Neutronen-Reaktionen ab. Zwischendurch verbrachte er ein Jahr im Hochschulsanatorium Leysin, weil er sich im Militärdienst mit Tuberkulose angesteckt hatte.
Von 1952 bis 1955 weilte er am Carnegie Institute of Technology in Pittsburgh, wo er am 440 MeV-Synchrozyklotron in Teilchenphysik forschte.
1955 wurde er zum Direktor der Sternwarte Neuchâtel ernannt, und 1956 zum Professor für Astrophysik an der Universität Neuchâtel. Seine Arbeiten betrafen die Positionsastronomie sowie die neue, auf Atomuhren basierende Standardzeit.
1959 ernannte ihn der Bundesrat zum Physikprofessor an der ETH Zürich. Von 1962 bis 1970 leitete Blaser das ETH-Labor für Hochenergiephysik mit Experimenten am CERN.
Er gründete 1968 das SIN und war bis 1987 dessen erster und einziger Direktor. Ab 1986 leitete er das Projekt des Schweizerischen Schulrats zur Fusion von EIR und SIN und wurde 1988 der erste Direktor des PSI, dem er bis zu seiner Pensionierung im Jahr 1990 vorstand. Als bemerkenswerte Eigenschaften von Jean-Pierre Blaser wurden seine schnelle Auffassungsgabe und die Bereitschaft, Aussagen stets kritisch zu prüfen, genannt. Er rechne Behauptungen seiner Gesprächspartner, sofern sie ihm nicht einleuchteten, sogleich nach und könne diese daher realistisch einschätzen. Lägen sie daneben, äussere er sich entsprechend.

2.2   *Die Idee einer Mesonenfabrik*

Im Hinblick auf den Anschluss zur Hochenergiephysik schwebte auch Jean-Pierre Blaser der Bau eines nationalen Zentrums vor, an dem alle Universitäten ihre unterrichtsorientierte Forschung betreiben konnten. Dass dazu die Mittel grösstenteils vom Bund kommen mussten, war klar. Und daher schlug Blaser vor, dass ein solches nationales Forschungslabor – das spätere „Schweizerische Institut für Nuklearforschung (SIN)" – von der ETH aufgebaut und betrieben werden, aber allen Universitäten zur Verfügung stehen sollte. Das war übrigens analog zur Organisation des grossen Kernforschungsinstituts in Los Alamos, New Mexico, das von der University of California betrieben wird.

Der nächste Schritt war die Wahl eines geeigneten Beschleunigerprinzips. In den 1950er Jahren waren weltweit mehrere Beschleuniger mit Energien von etwa 500 MeV gebaut worden. Sie ermöglichten es, die in der kosmischen Strahlung entdeckten Pi- und Mü-Mesonen künstlich und zahlreich zu erzeugen. Das war durch das neue Prinzip des Synchrozyklotrons möglich geworden, bei dem Pakete von Protonen unter Berücksichtigung der mit ihrer Geschwindigkeit zunehmenden, relativistischen Masse „synchron" beschleunigt werden. Wichtige Erkenntnisse in der Physik der Elementarteilchen konnten damals mit solchen Maschinen gewonnen werden, so am Argonne National Laboratory bei Chicago, am Joint Institute for Nuclear Research in Dubna bei Moskau und nicht zuletzt am CERN. Daraus entstand das Bedürfnis, die beim Synchrozyklotron beschränkten Teilchenströme etwa hundertfach zu erhöhen mit dem Ziel, die Mesonen nicht nur als solche studieren zu können, sondern diese selbst als Werkzeuge zu verwenden. Man wollte also sogenannte Mesonenfabriken bauen.

Dieses Ziel wurde in den USA, in Kanada sowie in Europa eingehend studiert. In Europa empfahl das CERN-nahe „European Committee on Future Accelerators (ECFA)" die Realisierung einer solchen Anlage, und zwar parallel zur Entwicklung von Beschleunigern mit wesentlich höheren Energien, aber nur geringen Teilchenströmen. Dazu wurden umfangreiche Studien in Deutschland und eben an der ETH initiiert. Besonders der französische Beschleunigerspezialist Pierre M. Lapostolle vom CERN machte sich für eine Schweizer Mesonenfabrik stark. Diese sollte übrigens das 600 MeV-Protonen-Synchrozyklotron des CERN ablösen.

Im Vordergrund stand die Beschleunigung von Protonen. Für die Art des Beschleunigers gab es verschiedene Möglichkeiten, aber das Hauptproblem war dabei die Beherrschung der Radioaktivität. Bei den anvisierten Strömen im Bereich von 100 Mikroampere bis hin zu 1 Milliampere war in der Tat das schwierigste Problem die vollständige Auslenkung des Strahls aus dem Beschleuniger. Protonen, die unterwegs aus dem Protonenstrahl heraus gestreut wurden, prallten in die Wände und erzeugten dort Radioaktivität. Mit Verlusten, wie sie bisher beispielsweise bei

Zyklotronen unvermeidlich waren, wäre in der Beschleunigeranlage eine kaum beherrschbar hohe Radioaktivität entstanden.

Interessanterweise ging die Entwicklung in drei sehr verschiedene Richtungen. Das Forschungszentrum in Los Alamos (USA) wählte, da genügend Ressourcen vorhanden waren, einen Linearbeschleuniger. Bei diesem tritt der beschleunigte Strahl am vorderen Ende problemlos heraus, aber der Beschleuniger ist mit fast einem Kilometer Länge riesig und verbraucht enorm viel Energie.

Bild 7: LAMPF-Beschleuniger

Ein physikalisch sehr interessantes Prinzip wurde vom TRIUMF-Forschungszentrum in Vancouver (Kanada) gewählt: ein Zyklotron, das negative Wasserstoffionen statt Protonen beschleunigt. Werden die Ionen am Ende durch eine Folie geschickt, wobei ihre Elektronen „gestrippt" und sie somit zu Protonen werden, fliegen sie von selbst aus dem Magnetfeld des Beschleunigers heraus. Ein Problem ist allerdings, dass dieses Stripping mit einer gewissen Wahrscheinlichkeit auch durch das Beschleuniger-Magnetfeld bewirkt wird, was zu Verlusten und Radioaktivität führt. Das verlangt ein schwaches Magnetfeld und damit extrem grosse und entsprechend teure Magnete. Zusätzlich ist ein sehr gutes Vakuum erforderlich.

Bild 8: TRIUMF-Beschleuniger

LAMPF und TRIUMF

LAMPF (Los Alamos Meson Physics Facility) ist Bestandteil des Los Alamos National Laboratory in New Mexico (USA), einer Forschungseinrichtung der amerikanischen Regierung. Sie wird von der University of California für das Department of Energy (früher für die Atomic Energy Commission) betrieben. Los Alamos wurde dadurch bekannt, dass hier während des Zweiten Weltkriegs unter dem Namen „Manhattan Project" die ersten Atombomben entwickelt wurden. 1972 wurde in Los Alamos der damals leistungsstärkste Protonen-Linearbeschleuniger für das LAMPF in Betrieb genommen. Mit den auf 800 MeV beschleunigten Protonen wurden hauptsächlich kernphysikalische Untersuchungen durchgeführt. Der Beschleuniger wird heute für den Betrieb einer Spallationsneutronenquelle verwendet.
TRIUMF (Tri-University Meson Facility) wurde 1968 in Vancouver von drei Universitäten in British Columbia (Kanada) gegründet, um Forschungsbedürfnisse zu decken, welche

eine einzelne Universität überfordern. Es beherbergt das weltgrösste Zyklotron mit einem Magneten von 18 Metern Durchmesser und 4000 Tonnen Gewicht. Die Protonen werden auf 500 MeV beschleunigt. Ursprünglich ermöglichte das TRIUMF Forschung in Kern- und Teilchenphysik. Später kamen Molekularbiologie und Materialwissenschaften sowie Nuklearmedizin hinzu. Zum Kerngeschäft des Labors gehört auch die Entwicklung neuer Beschleuniger.

LAMPF und TRIUMF stellen, zusammen mit dem SIN (heute PSI) die drei weltweit betriebenen Mesonenfabriken dar. Von diesen drei war und ist die Anlage des SIN (heute: PSI) diejenige mit dem intensivsten Protonenstrahl.

2.3   Das Konzept von Hans Willax

Die Zyklotronplanungsgruppe an der ETH wählte für die Mesonenfabrik ein „normales" Zyklotron, mit dem direkt Protonen beschleunigt werden sollten, wobei die hohe Energie eine sogenannte Sektorfokussierung bedingte. Da die Physiker in erster Linie an Mesonenforschung und weniger an Beschleunigerentwicklung interessiert waren, prüften sie den Kauf einer solchen Maschine. In der Tat waren damals viele Firmen im Bau von Beschleunigeranlagen aktiv. Es wurden mehrere Angebote geprüft. Am günstigsten erschien damals ein Vorschlag der deutschen AEG für ein 450 MeV-Isochronzyklotron, das heisst mit kontinuierlichem, nicht wie beim Synchrozyklotron gepulstem Strahl, mit 100 Mikroampere Strom. Nach eingehender Prüfung durch die nun von Hans Willax geführte Planungsgruppe der ETH blieben aber Zweifel, ob sich damit tatsächlich 100 Mikroampere erreichen liessen, und auch die Energie war für die Mesonenerzeugung eher tief.

Alle diese Überlegungen führten Willax 1962 dazu, sich noch einmal eingehend mit den Grundfragen zu befassen. Er war überzeugt, dass ein sogenanntes sektorfokussierendes, isochrones Zyklotron die beste Grundlage für einen kompakten und ökonomischen Beschleuniger in einer Mesonenfabrik wäre, wenn es nur gelang, die praktisch vollständige Extraktion des Strahls zu sichern. Ihm war klar, dass dazu die Bahnen der Protonen bis zur vollen Endenergie räumlich getrennt bleiben mussten. Das verlangte hochfrequente Beschleunigungsspannungen weit über dem, was je in einem Zyklotron erzielt worden war. Auch das Erreichen der für die Mesonenproduktion erwünschten Energie von 500 bis 600 MeV stellte völlig neue Anforderungen an die Magnetstruktur, um bei der relativistischen Massenzunahme auf etwa 160% der Ruhemasse eine genügend starke Fokussierung sicherzustellen.

Willax kam auf die völlig neue Idee, den Magneten in acht separate, spiralförmige Sektoren aufzuteilen und zwischen diesen vier Hochfrequenz-Kavitäten einzubringen (Bild 9). Mit dieser Struktur – insbesondere mit der räumlichen Entkoppelung von Magnetfeld und Hochfrequenzsystem – erreichte er auf einen Schlag die erforderliche Fokussierung, und die Kavitäten lieferten mit hohem Wirkungsgrad die erforderliche, extrem hohe Beschleunigung pro Umlauf, womit sich separierte Teilchenbahnen erzeugen liessen.

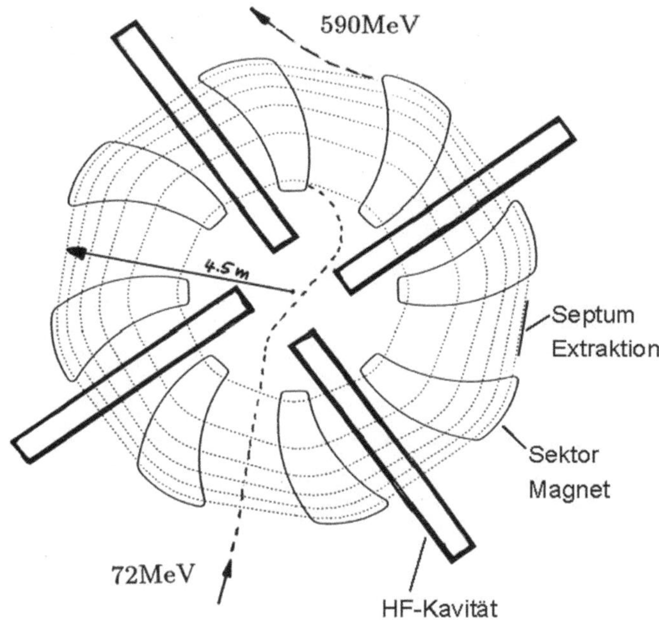

Bild 9: Willax-Konzept

Der Preis für diese geniale Idee war allerdings, dass ein solcher Beschleuniger nicht bei Energie Null beginnen konnte. Er brauchte ein sogenanntes Injektorzyklotron, das die Protonen auf etwa 10% der Endenergie vorbeschleunigte. Dem Hauptbeschleuniger fehlte daher das Zentrum, weshalb er „Ringzyklotron" oder kurz „Ring" genannt wurde und wird.

Hans Willax

Hans Willax wurde 1929 geboren. Das Physikstudium an der Technischen Hochschule München schloss er mit einem Doktorat in Kernphysik ab. 1959 trat er in die ETH-Zyklotronplanungsgruppe ein. Um das damalige Projekt eines Spiralzyklotrons für die kernphysikalische

Forschung ausarbeiten zu können, wurde er von der ETH für zwei Jahre an die Universität Berkeley, Kalifornien, delegiert. Nach seiner Rückkehr war er ab 1962 massgeblich im Projekt „Mesonenfabrik" tätig, eine herausfordernde Aufgabe, die sein Lebenswerk werden sollte. Für dieses schlug er ein zweistufiges Beschleunigerkonzept vor, das hohe Protonenströme bei hoher Energie und damit intensive Pionenstrahlen versprach. Willax realisierte sein Konzept in den Folgejahren am neu gegründeten SIN. Für den international anerkannten Beschleunigerspezialisten war es ein besonderer Höhepunkt, als im Januar 1974 erstmals nach seinem Konzept Protonen auf 600 MeV beschleunigt und aus dem Beschleuniger extrahiert wurden. Während der Entwicklungs- und Bauphase kamen die ungewöhnlichen Fähigkeiten von Hans Willax zum Tragen: gründliche Kenntnisse, innovative Ideen sowie das Talent, ein Grossprojekt ingenieurmässig zu realisieren. Dass er dies mit einem grossen menschlichen Verständnis für die Belange seiner Mitarbeiter verbinden konnte, war ein weiterer Schlüssel zum Erfolg.

Nachdem es Hans Willax gelungen war, sein Ringzyklotron graduell auf die spezifizierte Leistung zu bringen, wandte er sich einer neuen Herausforderung zu. 1980 delegierte ihn das SIN an die Kernforschungsanlage Jülich, wo er sich an der deutschen Studie für eine Spallationsneutronenquelle beteiligte. Während dieser Tätigkeit ereilte ihn die Krankheit, an der er im April 1981 verstarb.

Das zweistufige Willax-Konzept löste in der ETH-Gruppe schnell Begeisterung aus. Als Jean-Pierre Blaser dem Schulratspräsidenten Pallmann die Neuausrichtung des Projektes präsentierte, war dieser allerdings besorgt. Er befürchtete, dass durch die Eigenentwicklung Verzögerungen und Unsicherheiten entstehen könnten. Und er hatte recht. In die Zyklotronplanungsgruppe hatte man bei der neuen Zielsetzung Mesonenfabrik auch Mitarbeiter aus der ursprünglichen Basel/Zürich/ETH Gruppe aufgenommen, schon nur um den nationalen Aspekt zu betonen. Bei diesen Teilnehmern regte sich Widerstand, und es tauchten plötzlich Gutachten auf, wonach das Willax-Konzept nicht funktionieren könne. Da diese Gutachten aus der damaligen Hochburg der Beschleunigertechnik, Berkeley, kamen, empfand Willax das zu Recht als Dolchstoss, und es entstanden grosse Spannungen in der Planungsgruppe. In dieser Situation bat der Bundesrat den damaligen Aargauer Ständerat Robert Reimann, als Schlichter zu wirken.

Reimann war Mitglied des Nationalen Forschungsrates und somit mit den Universitäten vertraut. Hierauf fanden viele technische und politische Gespräche sowie zahlreiche Kommissionssitzungen statt, die schliesslich dazu führten, dass dem Beschleunigerkonzept von Willax 1963 das Vertrauen ausgesprochen wurde und das Mesonenfabrik-Projekt auf dieser Basis weitergeführt wurde. Das zweistufige Konzept wurde der Fachwelt im selben Jahr an der 3. Internationalen Zyklotronkonferenz am CERN vorgestellt, wo es viel Beachtung fand.

Die erste Beschleunigerstufe – das Injektorzyklotron – sollte kommerziell beschafft werden. Im Hinblick auf die Baubotschaft, mit welcher der Bundesrat die Mittel für die Mesonenfabrik bei den Eidgenössischen Räten beantragen würde, nahmen die Projektanten Verhandlungen mit verschiedenen Firmen auf. Schnell trafen Offerten – so von AEG und Philips – ein, doch kamen im Hinblick auf die Verwendung des Injektors neue Ideen auf. Die Beschleunigerbauer gaben aufgrund der Spezifikationen klar der Maschine von AEG den Vorzug. Insbesondere die Physikinstitute von Basel und Zürich hingegen wünschten, den Injektor selbständig für Forschung in der Kernphysik zu nutzen, und hierfür war die Philips-Maschine besser geeignet. Auf den ersten Blick leuchtete es zwar nicht ein, den teuren Hauptbeschleuniger zeitweise stillzulegen, um mit dem Injektor Kernphysikexperimente zu machen. Dennoch entschieden sich die Projektleiter für das Zyklotron von Philips. Dieses entsprach übrigens einer modifizierten Form der von der Zyklotronplanungsgruppe ursprünglich konzipierten Maschine für die Kernphysik.

Obwohl man damals, Jahre vor der Inbetriebnahme der Anlage, nicht offen darüber reden konnte, stellten Willax und Blaser die folgenden Überlegungen an. Sie waren überzeugt, dass das Ringzyklotron in der Lage sein werde, Ströme bis zu etwa 1 Milliampere zu erzeugen, sodass sich vielleicht schon relativ bald die Notwendigkeit eines neuen Injektors stellen könnte, und dass ein solcher wohl nur im Eigenbau zu erstellen wäre, vermutlich wiederum auf dem Prinzip des Ringzyklotrons basierend. Ein rein auf Injektion ausgelegter Beschleuniger wie derjenige von AEG wäre dann abzuschreiben gewesen. Das vielseitig nutzbare Zyklotron von Philips hingegen konnte sinnvoll weiter eingesetzt werden. Und da die Kernphysiker mit ihrer unterrichtsbezogenen Forschung einen wertvollen Beitrag an die für die nationale Institution gewünschte Diversifikation leisten würden, war diese Idee durchaus vernünftig. Sie erwies sich nicht nur wissenschaftspolitisch als günstig, sondern erlaubte es später auch, das erste Medizinprojekt am SIN – die Behandlung des Augen-Melanoms – unter guten Voraussetzungen zu entwickeln.

Beschleunigerentwicklung 1962

Die folgende Episode illustriert den damaligen Zustand der Beschleunigerentwicklung an der ETH. Im Januar 1962 wandte sich Werner Joho wegen eines Themas für die Diplomarbeit an Professor Jean-Pierre Blaser. Dieser bot ihm an, die Bahnen in einem Zyklotron mit einem Computerprogramm zu berechnen. Das bedingte für Joho zuerst drei Monate Aufenthalt am Rechenzentrum in Uppsala, wo er die Computersprache Fortran erlernte, und dann eine Dislozierung ans CERN in Genf, wo der einzige Grosscomputer in der Schweiz zur Verfügung stand. Nach seiner Diplomarbeit wurde Joho von Blaser im April 1963 offiziell in die Zyklotronplanungsgruppe aufgenommen und zum Leiter der Gruppe Bahndynamik ernannt.

Der nächste Schritt war die Vorbereitung des Kreditgesuchs. Schulratspräsident Pallmann beschloss, dieses in die Baubotschaft des Bundesrates an die Eidgenössischen Räte für das Jahr 1965 zu integrieren. Diese Baubotschaft war massgebend für die weitere Entwicklung der ETH, betraf sie doch nicht nur die Mesonenfabrik in Villigen, sondern unter anderem auch den neuen, vorerst der Physik gewidmeten Campus – die sogenannte ETH-Aussenstation – auf dem Hönggerberg. Insgesamt umfasste sie Kredite für 444 Millionen Franken. Für den Hönggerberg waren davon 218 Millionen vorgesehen, für den „Bau einer Forschungsanlage für Kernphysik mit einem Beschleuniger hoher Intensität für Protonen von 500 MeV in Villigen (AG) (Hochenergiephysik)" – so der offizielle Titel – 92.5 Millionen Franken.

Das Budget wurde Mitte 1963 vor allem von Willax ausgearbeitet, für die Gebäude vom Architekturbüro Schindler, Zürich, zusammen mit der Eidgenössischen Baudirektion. Die Physiker legten ein restriktives Budget vor. Präsident Pallmann war klar, dass das Projekt eine erhebliche Herausforderung bedeutete. Er wollte, besonders auch für den Ausbau der neuartigen Einrichtungen für die Experimente, über genügend Mittel verfügen. Daher sorgte er dafür, dass das Budget genügend Reserven enthielt. Zudem wurden die Kosten der Teuerung bis 1965 angepasst.

Die Mesonenfabrik wurde „auf der grünen Wiese" gebaut. In der „Erschliessung" war eine Brücke über die Aare zum schon bestehenden Eidgenössischen Institut für Reaktorforschung (EIR) enthalten. Diese erlaubte eine Mitbenützung von Infrastruktureinrichtungen des EIR.

Die Kosten für die noch zu entwickelnden Strahlanlagen (Protonenstrahl, Targets, Strahlfänger), die auch immer an die jeweiligen Forschungsprojekte anzupassen waren, wurden aus den – entsprechend grosszügigen – jährlichen Maschinenkrediten finanziert (im ersten Budget des SIN von 1974 betrug dieser nahezu 13 Millionen Franken). Die Kosten für die Abschirmungen der Strahlanlagen waren hingegen im Gebäudeteil enthalten.

Nicht enthalten im obigen Budget, aber in der Botschaft aufgeführt, waren die Kosten für den bereits getätigten Landerwerb von 1.5 Millionen Franken sowie die Kosten – es handelte sich vor allem um Saläre – für die bisherige Entwicklung der Mesonenfabrik. Diese wurden aus dem laufenden Budget der ETH finanziert.

Der Ausbau bestehender und der Bau weiterer Gebäude wurde in der Botschaft aus Gründen der Transparenz bereits angekündigt, doch wollte man bis zu einem entsprechenden Kreditgesuch die Bedarfsentwicklung abwarten.

Für den späteren Betrieb war gemäss Baubotschaft ein Personalbestand von rund 200 qualifizierten Mitarbeitern erforderlich, was jährliche Aufwendungen von 7 bis 10 Millionen Franken ausmachen würde.

Baubotschaft 1965
Die Aufteilung des Gesamtkredites war wie folgt (in Millionen Franken):

Herstellung des Protonenbeschleunigers	*30.0*
Beschleunigergebäude mit Experimentierhallen	*20.0*
Betriebsgebäude	*8.2*
Verwaltungsgebäude mit Hörsaal	*2.5*
Laborgebäude	*2.1*
Heizzentrale mit Kaminanlage	*1.1*
Luftschutzanlage	*0.7*
Elektrische Anlagen	*5.9*
Allgemeine technische Einrichtungen	*10.5*
Erschliessungs- und Umgebungsarbeiten	*3.8*
Einstellgaragen und Bushaltestelle	*0.3*
Apparate, Werkzeugmaschinen, Geräte	*4.0*
Mobiliar	*0.5*
Unvorhergesehenes	*2.9*
Total	**92.5**

Zur Begründung der neuen Anlage erwähnte der Botschaftstext im Wesentlichen die Argumente, die in Abschnitt 2.2 dargelegt sind. Bedenkt man, dass sich der Text an Parlamentarier richtete, die mit der Materie kaum eingehend vertraut waren, stellt dieser ein Meisterwerk an allgemeiner Verständlichkeit dar. Im Text wird auch der erwartete, sehr vielfältige wissenschaftliche Nutzen beschrieben: Verfeinerung der Nukleonen- und Mesonenphysik bei niedrigen Energien, besonders im Hinblick auf Präzisionsmessungen, für die kein geeigneter Beschleuniger existiert; Kernphysik bei hohen Energien – hier werde Neuland betreten; Eröffnung neuer radiomedizinischer und -biologischer Anwendungen; Herstellung spezieller Isotope für Chemie, Biologie, Technik; Anwendung auf Probleme der Festkörperphysik und der Technik. Ferner wurde erwähnt, dass die Fachleute der ETH und ihre internationalen Berater bereits eine vielfältige Liste wichtiger Experimente für die Nutzung der Anlage erstellt hätten.

Die Botschaft erläuterte auch die Wahl des Standorts in unmittelbarer Nähe des EIR. Als Alternative hätte sich die ETH-Aussenstation Hönggerberg angeboten. Für Villigen sprachen der ausgesprochen „industrielle" Charakter der Anlage, der schlecht zu einem Campus passte. Ferner spielten Sicherheitsaspekte (Umzäunung, Strahlenschutz), der Landbedarf, der Zugang zu Kühlwasser und zu einer Hochspannungsleitung der Nordostschweizerischen Kraftwerke (NOK) sowie die Nachbarschaft zum EIR mit seiner Infrastruktur eine Rolle. Ohne dass dies erwähnt wurde war einleuchtend, dass ein Standort in Villigen von den Universitäten als „neutraler" betrachtet wurde als ein solcher auf dem ETH-Gelände.

Bild 10: Bauplatz in Villigen am Westufer der Aare, Dezember 1968

All dies klang ausgesprochen optimistisch – und die spätere Entwicklung hat diesem Optimismus recht gegeben. Dabei war das Projekt bei den Physikern lange Zeit nicht unumstritten. Als die Botschaft bereits ausgearbeitet war, kam es nochmals zu einer dramatischen Situation. Über fünfzig namhafte Personen aus Hochschulen und Politik unterzeichneten ein Schreiben an den Bundesrat, worin sie aus wissenschaftspolitischen Gründen den Verzicht auf eine Mesonenfabrik verlangten. Der Brief war wohl vom bereits emeritierten Paul Scherrer orchestriert worden. Bundesrat Hans-Peter Tschudi zeigte sich davon wenig beeindruckt. Er sagte zu Blaser, wenn so viele Persönlichkeiten gegen ein Projekt seien, zeige das eher, dass dieses eine wichtige Rolle spielen werde; Blaser solle weitermachen. Wissenschaftspolitisch war die Mesonenfabrik nämlich abgesichert. Wie im Botschaftstext erwähnt wurde, befürwortete der Schweizerische Wissenschaftsrat als wichtigstes unabhängiges Beratungsorgan des Bundesrates in der Wissenschaftspolitik im Mai 1965 die Verwirklichung des Projekts.

Die Botschaft wurde im März 1966 von National- und Ständerat angenommen. Leider erlebte Schulratspräsident Hans Pallmann, der den Ausbau der Physik an der ETH mit den beiden Vorhaben Hönggerberg und Mesonenfabrik forciert hatte, den Erfolg im Parlament nicht mehr. Er starb kurz vorher. Die Geschäfte wurden vorläufig vom Vizepräsidenten des Schulrats, Claude Seippel, weitergeführt, der dem Vorhaben Mesonenfabrik ebenfalls positiv gegenüberstand. Im Jahr 1966 wurde dann Minister Jakob Burckhardt vom Diplomatischen Dienst zum Präsidenten des Schweizerischen Schulrats gewählt, dem er bis 1978 vorstand.

Die 92.5 Millionen Franken wurden schon bald durch einen Beitrag des Schweizerischen Nationalfonds ergänzt. Es fällt nämlich auf, dass die obige Zusammenstellung keinen Betrag für den Injektor enthält. Im Bericht über die künftigen Aufgaben des SIN vom Sommer 1970 wird von 9 Millionen Franken gesprochen, die dem Ausbau des Injektors I für den Niederenergiebetrieb zugunsten der Universitäten gewidmet waren. In der parlamentarischen Debatte um den Zusatzkredit (siehe unten) wurden 4.7 Millionen Franken erwähnt.

Im Rahmen der ETH-Baubotschaft 1972 beantragte der Bundesrat für das sich im Aufbau befindliche SIN einen teuerungsbedingten Zusatzkredit von 34.45 Millionen Franken. Der Ständerat beschloss in der Wintersession 1972, den Kredit für das SIN zu streichen. Führend war dabei der Basler Ständerat Willi Wenk, weil in den Unterlagen auch der Injektor II genannt wurde. Dessen Finanzierung war nicht Bestandteil des beantragten Kredits, doch hatte das SIN zur selben Zeit bekannt gemacht, dass es beabsichtige, einen neuen Injektor zu bauen. Wenk störte offenbar, dass, während ein Zusatzkredit für die Vollendung der SIN-Anlage beantragt wurde, diese bereits als verbesserungsbedürftig bezeichnet wurde. An einem Hearing der nationalrätlichen Kommission am SIN, an der auch Bundesrat Tschudi und einzelne Ständeräte teilnahmen, erklärte Direktor Blaser, der Injektor II stehe hier nicht zur Debatte. Es sei beabsichtigt, diesen teils aus dem laufenden Budget des SIN (jährlich 1 Million Franken), teils durch Einsparungen an weiteren Anlageteilen zu finanzieren.

Bundesrat Hans-Peter Tschudi setzte sich, mit Unterstützung der Eidgenössischen Finanzverwaltung (die mit Vizedirektor Hans-Ulrich Ernst in der Baukommission des SIN vertreten war) stark für den Kredit ein, wie das folgende Zitat aus dem Bulletin der Eidgenössischen Räte zeigt:

„Die Finanzverwaltung ist in der Lage, dieses Kreditbegehren zu beurteilen, weil die Direktion der Finanzverwaltung in der Baukommission für das Schweizerische Institut für Nuklearforschung mitwirkt. Ich muss – Herr Wenk hat das schon gesagt – unterstreichen: die Finanzverwaltung ist der Meinung, dass hier ein besonders mustergültiger Bau erstellt wird, der in bezug auf Planung des Baus, auf sparsame Bauausführung andern als Modell dienen kann, dass also in bezug auf die Sparsamkeit und die gute Bauorganisation, die gute Planung des Baues der Baukommission, die unter Leitung des früheren Direktors der Brown Boveri, Herrn Dr. Seippel, steht, das beste Zeugnis ausgestellt werden kann."

Trotz dieser starken Aussage lehnte der Ständerat den Zusatzkredit ab. Dieser wurde hingegen in der Frühjahrssession 1973 von der nationalrätlichen Kommission unter der Leitung von Frau Lilian Uchtenhagen unterstützt. Weitere Unterstützung kam von wissenschaftspolitisch aktiven Parlamentariern aus der Romandie, die sich zudem auf positive Aussagen des CERN zur SIN-Anlage beriefen. Insbesondere der Genfer Ständerat Olivier Reverdin, der auch den Nationalfonds präsidierte, setzte sich dafür ein. Dies deutet darauf hin, dass die SIN-Direktion in wissenschaftspolitischen Kreisen mit Erfolg aktiv geworden war. Demzufolge befürwortete der Nationalrat den SIN-Kredit einstimmig und überwies das Geschäft zurück an den Ständerat. An dessen Sitzung opponierte Ständerat Wenk weiterhin, doch hatte sich das Blatt gewendet, sodass im März 1973 auch der Ständerat den Zusatzkredit bewilligte.

Somit betrugen die anfänglichen Investitionen in die SIN-Anlage (inklusive Landkauf und Beitrag des Nationalfonds) gesamthaft rund 137.5 Millionen Franken.

3.   Die Gründung des SIN

3.1   *Von der Gloriastrasse nach Oerlikon*

Bis zur Bewilligung des Botschaftskredits für das SIN war die Zyklotronplanungsgruppe an zwei Orten einquartiert. Im Physikgebäude der ETH an der Gloriastrasse führten die Physiker die theoretischen und rechnerischen Arbeiten durch, während sie an der Universitätsstrasse über Versuchslabors verfügten. 1963 umfasste die Gruppe rund 20 Personen. Sie bearbeitete das von Hans Willax 1962 vorgelegte, zweistufige Konzept mit einem Injektor- und einem Ringzyklotron, wobei das Injektorzyklotron kommerziell beschafft werden sollte. In einer mehrjährigen Entwicklungsarbeit wurde die Beschleunigeranlage ausgelegt, wobei es bis 1967 noch Anpassungen am Konzept gab. Dabei wurden auch externe Fachleute beigezogen. Dank seines Aufenthalts am Zyklotron in Berkeley im Jahr 1961 gelang es Willax, einige erfahrene amerikanische Ingenieure für die Anfangsphase des Projekts zu gewinnen.

Ein eingeschworenes Team

Die ehemalige Zyklotronplanungsgruppe bildete ein eingeschworenes Team von zumeist jungen Physikern. Die Vorgesetzten, Jean-Pierre Blaser und Hans Willax (als bayerisches Urgestein mit seiner Handharmonika) unternahmen vieles, damit auch ausserhalb der Arbeit die Freundschaft gepflegt wurde. Hierzu gehörten die regelmässige Kegelrunde im Restaurant Rigihof nahe der ETH am Freitag nach Arbeitsschluss; der traditionelle Maibummel mit Grillfest im Wald; Skiwochenenden in Les Diablerets und auf der Lenzerheide, natürlich im Massenlager; Raclettepartys bei Blasers zu Hause; schliesslich Fussballmatches zwischen den verschiedenen Fachgruppen.

Zudem beauftragte Direktor Jean-Pierre Blaser die amerikanische Firma William B. Brobeck, das SIN-Projekt zu überprüfen. Im Juli 1968 erschien der Bericht mit dem Titel „A Survey of the Ring Cyclotron Project". Er enthielt genaue Angaben über Kosten, Personalbedarf, Zeitplan und Flächenbedarf. Für das Projekt berechnete er Kosten von 97 Millionen Franken, für den Personalbedarf bei Vollbetrieb 195 Personen für den Betrieb, 155 Personen für die Forschung.

Man muss sich dabei bewusst sein, dass die beteiligten Physiker zwar das Selbstvertrauen besassen, eine Maschine mit den entsprechenden Spezifikationen bauen zu können. Viele physikalische und technische Probleme mussten auf dem Weg zum Ziel allerdings noch gelöst werden, und ein Restrisiko, dass das Konzept nicht wie gewünscht funktionieren würde, bestand weiterhin. So war es zum Beispiel anfänglich unsicher, ob die Beschleunigerkavitäten eine Spannung von 300 Kilovolt auf-

"

recht halten konnten. Obschon die meisten Mitarbeiter kaum Erfahrung mit Teilchenbeschleunigern besassen, vertraute Jean-Pierre Blaser seinen jungen Physikern weitgehend. Um sich trotzdem bis zu einem gewissen Grad abzusichern, fühlte er dem Team ab und zu auf den Zahn, indem er als interessierte Besucher getarnte Experten vorbei schickte.

Für Schulrat und Bundesbehörden war es selbstverständlich, dass sie die Realisierung eines derart grossen und technologisch höchst anspruchsvollen Projektes nicht einer kleinen Gruppe von industriell völlig unerfahrenen Physikern überlassen konnten. Sie betrauten die Maschinenfabrik Oerlikon (MFO), welche auch die grossen Magnete lieferte, mit dieser Managementaufgabe. Die Arbeitsteilung formulierten sie in der Baubotschaft 1965 wie folgt:

„Die vielseitigen Entwicklungsaufgaben brauchen zu ihrer Lösung gleichermassen Mathematik, Physik und Ingenieurwissenschaften, sodass sie sich gut in den Aufgabenkreis einer technischen Hochschule einfügen. Bei der eigentlichen Realisierung der Maschine treten aber technisch-konstruktive, organisatorische und kommerzielle Aufgaben solchen Umfanges auf, dass sie nur durch eine leistungsfähige industrielle Organisation bewältigt werden können. Im vorliegenden Projekt werden alle technisch-konstruktiven Aufgaben, die Arbeits-Koordination und die kommerziellen Geschäfte von der Maschinenfabrik Oerlikon (MFO) übernommen. Nach Vertrag ist die Planungsgruppe der ETH für die wissenschaftliche Konzeption der Anlage, für die Ausarbeitung der Spezifikationen und für die Entwicklung der technischen Grundlösungen verantwortlich. Die MFO handelt in der Art eines Generalunternehmers, der die technisch-konstruktiven Aufgaben übernimmt und für die spezifikationsgemässe Ausführung sorgt."

Gemäss Baubotschaft war der Zeitplan für die Verwirklichung des Konzepts recht kompliziert. Es mussten für die Erstellung der Experimentierhalle und Speisungsanlagen sowie die Maschinenentwicklung genaue Termine festgelegt und aufeinander abgestimmt werden. Die Bauten mussten in vielen Fällen nach Mass und während der Montage um die Maschine herum erstellt werden.

Die Physiker und Ingenieure legten sich auf folgenden Terminkalender fest: Die Maschinenentwicklung, einschliesslich ausgedehnter Modelluntersuchungen an Magneten und Hochfrequenzkavitäten, sollte 1965/66 abgeschlossen sein. Während der Herstellung der Maschinenkomponenten (1966 und 1967) musste die grosse Experimentierhalle soweit ausgebaut sein, dass die gelieferten Bauteile gelagert, geprüft und vormontiert werden konnten. 1968 musste der eigentliche Zusammenbau des Ringbeschleunigers beginnen und die Inbetriebnahme des Injektors erfolgen. Der Beginn der Erprobung der Gesamtanlage könnte dann 1969 erwartet werden. Mitten in der Entwicklungsperiode (1966-1967) müsste die aktive Vorbereitung der Forschung unter Mitwirkung entsprechender Universitätsinstitute einsetzen. Dieser Terminplan erwies sich in der Folge als zu optimistisch: Erst 1974 produzierte die SIN-Anlage die ersten Pi-Mesonen.

Auch der Personalbestand war den jeweiligen Entwicklungs- und Bauetappen an-
zupassen. Die Entwicklungsgruppe der ETH brauchte einen Bestand von etwa 40
Mitarbeitern, die Hälfte davon Physiker oder Ingenieure. Dazu kamen eine ständige
Koordinationsgruppe bei der MFO sowie die von dieser Firma für Konstruktions-
und Montagearbeiten zur Verfügung gestellten Arbeitskräfte, im Mittel 15 bis 20
Personen.

Bild 11: Erstes Magnetmodell 1:5 bei der MFO, Herbst 1964. Ganz rechts Jean-Pierre Blaser,
links von ihm MFO-Direktor E. Schnorf.

Die Zusammenarbeit mit der MFO ab 1966 hatte einen entscheidenden Vorteil. Die
Entwicklungsarbeiten und erste Aufbauten der grossen Maschinenkomponenten
konnten nämlich unmöglich in den ETH-Labors durchgeführt werden, und bis zum
Bezug von eigenen Gebäuden in Villigen würde mehr als ein halbes Jahrzehnt ver-
gehen. Sehr willkommen war daher die von der MFO gebotene Möglichkeit, auf
ihrem Areal „Stierenried" in Oerlikon Baracken zu beziehen und für den Aufbau
und die Tests von grossen Komponenten bestehende Hallen zu benützen. So konnte
Willax mit seiner wachsenden Entwicklungsgruppe dort einziehen und unter besten

Bedingungen arbeiten. Dass diese Projektphase bei der MFO so erfreulich verlief, war nicht zuletzt der zuvorkommenden Hilfe eines der damaligen Direktoren, E. Schnorf, zu verdanken.

Insbesondere die neuartigen Sektormagnete, welche die MFO selbst herstellte, konnten in den Hallen aufgebaut und vermessen werden. Die komplexe Form der Magnete und die bei einem Isochronzyklotron sehr hohen Genauigkeitsanforderungen machten das – in einer Zeit, wo noch kaum Computer vorhanden waren – zu einer anspruchsvollen Aufgabe. Hier war die Mithilfe der MFO bei den Versuchsanlagen sehr fruchtbar. Für die Bearbeitung des Magnetspalts der Sektormagnete wurde übrigens die grösste Drehbank der Schweiz benötigt, die sich bei der BBC auf dem Birrfeld befand.

Bild 12: Bearbeitung der Magnetpole des 1:1 Magneten bei BBC Birrfeld: Aufgespanntes Polpaar auf der 14-Meter Grosskarrusseldrehbank (Vorschruppen der Polflächen mit Schruppstahl), Herbst 1968

Eine weitere Herausforderung war das Hochfrequenzsystem für das Willax-sche Sektorzyklotron. Die mehrere Meter hohen Kavitäten mit dem Schlitz für die Teilchenbahnen erforderten Stützstrukturen zur Aufnahme der enormen Vakuumkräfte und mussten aus gut leitendem Material bestehen. Die Beschleunigerbauer wählten dafür Aluminium, und es traf sich, dass es eine initiative und an schwierigen Problemen interessierte Firma in der Nähe gab, nämlich das Aluminium-Schweisswerk Schlieren (ASS), mit dem sich eine langjährige, sehr erfolgreiche Zusammenarbeit entwickelte. Für die Hochfrequenzsender mit hoher Leistung entschied man sich mangels guter Offerten für die Eigenentwicklung unter Führung von Paul Lanz.

Bild 13: Kavität vor dem Einschub in die Vakuumkammer, MFO-Halle Herbst 1965

Indessen brachte die Partnerschaft mit der MFO auch Nachteile. Deren vorgesehene Mitwirkung bei der technisch-administrativen Abwicklung des Projekts erwies sich nämlich schnell als illusorisch. Es zeigte sich, dass die wichtigen Entscheidungen nur von Fachleuten getroffen werden konnten, die ein Gesamtverständnis der Anlage besassen. Bei der Entwicklung dieses neuartigen Beschleunigers waren ungewöhnlich viele Teilaspekte eng miteinander verflochten: sehr grosse Magnete mit entsprechenden mechanischen Kräften; elektrische Speisungen sowie umfangreiche Kühlsysteme im Bereich von mehreren Megawatt; die Erzeugung des im Beschleuniger und den Strahlkanälen notwendigen Hochvakuums; die Bahndynamik der in den Magnetfeldern der Beschleuniger und der Strahlführung fliegenden atomaren Teilchen; elektromagnetische Hochfrequenzfelder mit sehr hoher Leistung; die wegen der in den Komponenten erzeugten Radioaktivität notwendigen enormen Abschirmungen; und nicht zuletzt die auf sehr vielen Messgrössen und Zielparametern basierende Steuerung der Gesamtanlage.

Den spezialisierten Maschinen- und Elektroingenieuren der MFO fehlte das nötige Gesamtverständnis, sodass schliesslich doch die involvierten Physiker die Entscheide treffen mussten. Zudem wirkten die Fachleute der MFO eher bremsend, wenn es um unkonventionelle Ideen ging, und solche hatten die mehrheitlich jungen, noch unvoreingenommenen Physiker laufend. Die MFO-Ingenieure behaupteten zum Beispiel, der supraleitende Magnetkanal für Müonen von Georg Vecsey könne nicht funktionieren – wofür dieser später den Gegenbeweis antrat. Die Ingenieure gingen davon aus, dass der Kanal von einem Bad aus flüssigem Helium gekühlt wurde, welches bei der Kühlung jedoch verdampfen würde, sodass die Supraleitung zusammenbrach. Vecsey löste dies, indem er superkritisches Helium mit hohem Druck durch seine Magnete pumpte.

1970 wurde daher zwischen Bund und MFO ein neuer Vertrag abgeschlossen, der die MFO – die 1967 von der BBC übernommen worden war – von der 1964 eingegangenen Verpflichtung, in der Art eines „Generalunternehmers" zu wirken, entband und der BBC/MFO dafür präzis umschriebene, technische und planerische Aufgaben in Bezug auf den Ringbeschleuniger übertrug.

3.2 *Die Aufnahme der Bautätigkeit in Villigen*

Nachdem die Eidgenössische Baudirektion das Architekturbüro Schindler schon mit der Projektierung der Bauten für die Baubotschaft beauftragt hatte, erhielt dieses Büro auch den Auftrag, die Gebäude in Villigen zu erstellen. Dies erwies sich als grosser Glücksfall, denn die Anlage entsprach einem Industriegelände und erforderte technische Kompetenz, die Schindler mitbrachte. Schindler war in der Öffentlichkeit bekannt geworden, weil er in Zürich die Zufahrtsbrücke zum Parkhaus „Hohe Promenade" über die Rämistrasse in einer Nacht aufgezogen hatte.

Mit dem Büro Schindler entwickelte sich eine für das Gelingen des SIN entscheidende und erst noch freundschaftliche Zusammenarbeit. Als erstes Bauwerk entstand 1969 die Brücke zwischen EIR und SIN über die Aare. Sie war für die regionale Erschliessung des SIN, dessen Benützer aus allen Hochschulstandorten der Schweiz erwartet wurden, sowie für die angestrebte Zusammenarbeit mit dem EIR notwendig. Zudem diente sie auch wichtigen Zuleitungen wie etwa Trink- und Kühlwasser. Wegen der zu erwartenden Schwertransporte war sie für eine durchschnittliche Belastung von 75 Tonnen dimensioniert. Im September erfolgte eine spektakuläre Belastungsprobe durch einen Militärschwertransport mit 105 Tonnen.

Bild 14: SIN-Baustelle Oktober 1969: Aarebrücke und Baugruben für Speisungsgebäude, Experimentierhalle und Betriebsgebäude.

Die Auslegung der Gebäude in Villigen war – nicht nur wegen des oben erwähnten ehrgeizigen Zeitplans – eine anspruchsvolle Aufgabe. Der Ringbeschleuniger befand sich erst in Entwicklung. Weder lagen seine endgültigen Dimensionen vor, nach denen die Fundamente der schwergewichtigen Komponenten spezifiziert werden mussten, noch seine technischen Spezifikationen und somit der Bedarf an Stromversorgung und Kühlung. Schwierig war es auch, die grosse Experimentierhalle so flexibel zu entwerfen, dass die noch zu entwickelnden Experimentierareale mit ihren vielen magnetfokussierten Teilchenstrahlen, die tonnenschweren Strahlenabschirmungen, die notwendigen Hebezeuge – zentral war ein Kran mit 60 Tonnen Tragkraft – sowie die Strom- und Kühlwasserkanäle untergebracht und späteren Bedürfnissen angepasst werden konnten. Trotz all dem gelang es Schindler, die Bauten zeitgerecht und innerhalb des vorgesehenen Budgets fertigzustellen, was ihm Ansehen und Dankbarkeit der Physiker einbrachte.

Bild 15: Betonieren der Fundamente für Ringbeschleuniger, Herbst 1969

Im Dezember 1970 präsentierte sich das Gelände des SIN in Villigen wie folgt. Die Experimentierhalle – unübersehbar das zentrale Stück der Anlage – stand im Bau. Bereits weitgehend fertiggestellt waren die Trafostation sowie das Speisungsgebäude mit den Nebenanlagen für Stromeinspeisung und Kühlung. Die erste Kühlung erfolgte von einer Grundwasserfassung. Für die diversen Wasserleitungen – Kühlung, Trinkwasser, Abwasser – hatte Schindler ein gut dimensioniertes System von unterirdischen Kanälen entworfen. Eine Kläranlage war ebenfalls bereits erstellt. Auch das Betriebsgebäude war weit fortgeschritten. Dessen Einrichtung wurde, wie auch jene des Laborgebäudes, entsprechend den bereits besser absehbaren Bedürfnissen noch angepasst.

3.3   Das SIN als Annexanstalt der ETH

Am 1. Januar 1968 wurde das SIN als Annexanstalt der ETH gegründet. Zum ersten (und einzigen) Direktor des SIN wurde Jean-Pierre Blaser gewählt. Die Gründung erfolgte rechtlich durch den Erlass einer Bundesratsverordnung, in der Auftrag und Organe des SIN festgelegt waren. Der Auftrag erwähnte die Funktion des Benützerlabors für die Hochschulen. Daneben enthielt die Verordnung die Kompetenzen des Direktors sowie die Hauptelemente der Organisation.

Im Vorwort zum ersten Jahresbericht des SIN – der ausser mit „SIN" noch mit „Zyklotronplanung" angeschrieben war – dankte Direktor Blaser dem verstorbenen Schulratspräsidenten Pallmann, ohne den das Projekt nicht hätte verwirklicht werden können: „Er hatte die wichtige Funktion des Vorhabens für die ETH erkannt und erblickte in der Schaffung eines nationalen Forschungszentrums einen wichtigen wissenschaftspolitischen Faktor für unser Land. Besonders glücklich erschien ihm die Vielseitigkeit der Forschungseinrichtungen, geeignet, den Dialog zwischen den Disziplinen – Physik, Technik, Chemie, Medizin, Biologie – zu fördern." Weiter schrieb Blaser: „Von der ETH treuhänderisch errichtet, wird das SIN allen schweizerischen Hochschulen offen stehen. Auch eine internationale Beteiligung wird erwartet, weil das Synchrozyklotron des CERN durch SIN mit wesentlich höheren Strömen abgelöst wird."

Der Entscheid, das SIN zu gründen, lohnte sich für die Schweiz zweifellos. Das Institut besass einen klaren Fokus. Es diente den schweizerischen Hochschulen in verschiedenen Gebieten, umso mehr als sich zeigte, dass seine Anlagen breite Anwendungsmöglichkeiten eröffneten. Es versammelte somit mehrere wissenschaftliche Disziplinen. Weltweit besass es mit den Mesonenfabriken LAMPF in den USA und TRIUMF in Kanada nur zwei Konkurrenten. In Europa war es somit einzigartig und zog internationales Interesse auf sich.

Aber nicht nur die Rahmenbedingungen erwiesen sich als günstig. Günstig war auch die Art und Weise, wie der Direktor zusammen mit dem Führungsteam das Management gestaltete. Die SIN-Leitung führte das Institut unternehmerisch, gleichwohl wie ein Hochschulinstitut, und legte Wert auf eine starke Vernetzung mit den schweizerischen Hochschulen. Das SIN hatte verschiedene Möglichkeiten, die Universitäten infrastrukturmässig zu fördern. Diese unterstützten im Gegenzug das Institut auf wissenschaftlicher Ebene.

Der vom Bund bewilligte Baukredit für das SIN wurde vorläufig von der Direktion der Eidgenössischen Bauten bewirtschaftet. Dem von Jean-Pierre Blaser geleiteten Projekt war eine sogenannte Baukommission übergeordnet. Diese hatte der Schweizerische Schulrat wie folgt zusammengestellt: Als Präsident amtete Claude Seippel (Schweizerischer Schulrat und BBC), als Vizepräsident Konrad von Wurstemberger (Schulrat), Mitglieder waren Hans-Ulrich Ernst (Eidgenössische Finanzverwaltung), Prof. André Gardel (EPFL), Dr. Alexander Goldstein (BBC), Fritz Grütter (BBC), Hans U. Hanhart (Baukreisdirektor), Prof. Urs Hochstrasser (AFW), Prof. Verena Meyer (Uni Zürich). Ende 1974, nach Aufnahme des Experimentierbetriebs, wurde die Kommission aufgelöst.

Bei der Gründung des SIN 1968 bestand dieses erst aus einer Projektorganisation und einem Mitarbeiterstab von rund 100 Personen. Der künftige Standort des SIN war zwar bestimmt, doch die Gebäude mussten erst erstellt werden, während die Belegschaft auf dem Areal der MFO in Oerlikon arbeitete. Im Eidgenössischen

Staatskalender sind unter SIN lediglich die „Senioren" (wegen ihres Alters fest angestellten), Willax, Baumann und Lanz aufgeführt.

Der erste Jahresbericht des SIN stammt aus dem Jahr 1969. Er enthält ein als „provisorisch" bezeichnetes Organigramm (siehe Anhang 2): Das SIN bestand aus den zwei Abteilungen „Beschleunigeranlagen" unter der Leitung von Hans Willax sowie „Forschung" unter der Leitung von Hans-Jürg Gerber. Es gab eine Stabsabteilung mit Wilfred Hirt, der für die Koordination zwischen Forschung und Maschine zuständig war und später stellvertretender Direktor wurde.

Wie das Organigramm zeigt, befand sich die Organisation erst im Aufbau. Sie konzentrierte sich um die bereits seit Anfang der 1960er Jahre am Projekt Mesonenfabrik beteiligten Spezialisten. Viele vorgesehene Kaderstellen waren noch unbesetzt. Naturgemäss war der Organisationsgrad in der Abteilung von Hans Willax weiter fortgeschritten, da es ja zuerst um den Bau der Maschinen ging, während die Forschung an diesen Maschinen später zum Zug kommen würde. Zudem bezeichnete das Organigramm vor allem jene Personen, die wegen ihrer Funktion von den externen Partnern – Bundesverwaltung, Baufirmen, Lieferanten – wahrgenommen wurden.

Der Partner des Architekturbüros Schindler beim SIN war Theo Schaub. Die kleine, aber schlagkräftige Administration wurde von Max Werder geleitet. Sie bekam namhafte Unterstützung von der Berner Bundesverwaltung. Besonders der Jurist Dr. Ernst Schneeberger von der Eidgenössischen Finanzverwaltung, zuständig für das Beschaffungswesen der Bundesverwaltung, instruierte die SIN-Administration bei den umfangreichen und komplizierten Einkaufsgeschäften (und liess es sich nicht nehmen, obwohl schon pensioniert, im Jahr 1988 auch dem neuen Leiter der Verwaltung des PSI eine Einführung in die Finanz- und Beschaffungsordnung des Bundes zu geben).

Die Abteilung von Hans Willax, welche das Ringzyklotron baute, setzte sich aus den drei Sektionen Beschleunigerentwicklung, Maschineningenieurwesen und Elektroingenieurwesen zusammen. Die Beschleunigerentwicklung bestand aus den Gruppen von Werner Joho (Bahndynamik), Branko Berkes (Magnete), Paul Lanz (Hochfrequenzsystem), Urs Schryber (Beschleunigerphysik) sowie Ludwig Besse (Steuerung). Es gab auch Schlüsselpersonen ohne Kaderfunktion, so etwa Miguel Olivo (Extraktionselemente und Strahldiagnostik). Das Maschineningenieurwesen wurde gleichzeitig von Theo Schaub geleitet. Diese Sektion umfasste die Gruppen von Jürgen Langhans (Konstruktion), Hans Frei (Vakuum) und Hans Oschwald (Werkstatt). In der Sektion Elektroningenieurwesen von Hans Baumann wirkten als Gruppenleiter Gottfried Irminger (Speisung) und Alfred Boss (Elektroniklabor).

In der Abteilung von Hans-Jürg Gerber, welche die Experimentierhalle einrichtete und die Experimentierareale baute, waren erst wenige der vorgesehenen Kaderfunktionen besetzt: Wilfried Schoeps (Elektronik für Instrumente), Charles Perret (Abschirmung, Aktivierung, Strahlenüberwachung) und Janos Zichy (Strahlenoptik).

Bild 16: SIN-Gelände, Errichtung der Experimentierhalle, der Trafostation, des Betriebs- und des Speisungsgebäudes, August 1970

Im Jahr 1970 wurde einerseits wegen des zunehmenden Personalbestands, anderseits wegen der anstehenden Eingliederung in die Bundesverwaltung, mit externer Beratung (siehe Anhang 2) ein Organigramm erarbeitet. Es gliederte das SIN in die Abteilungen Beschleuniger, Experimentelle Einrichtungen, Technische Dienste sowie Administration. Neu war Hans Willax der stellvertretende Direktor. Es gab nun eine Theoriegruppe unter Leitung von Florian Scheck. Die Abteilung von Hans-Jürg Gerber wurde nun präziser „Experimentelle Einrichtungen" genannt. Wie in der Beschleunigerabteilung gab es auch hier keine Sektionen, sondern nur Gruppen. Neue Namen im Organigramm waren: Christoph Tschalär (Apparaturen), Marc Pepin (Forschungsgruppe und Rechenanlagen), Reinhard Frosch (Sekundärstrahlen), Gilbert Guignard (Strahlführung), Georg Vecsey (Kryogenie) und Salvatore Mango (polarisierte Targets). Wiederum gab es Schlüsselpersonen ohne Kaderfunktion, so Claude Petitjean, Erich Steiner, Manfred Daum und Hans-Jörg Leisi. Beim Bauwesen war neu Emil Mollet (Planung und Bauüberwachung) ernannt worden, und in

der Administration waren Cyrilla Kijewski für das Personalwesen und Josef Nuss-
baumer für Rechnungswesen und Beschaffung zuständig.

Bild 17: Betonieren der Fundamente für Ringbeschleuniger, im Oktober 1970 zu zwei Drit-
teln erstellt.

Die Organisation des SIN ist durch die folgenden drei Merkmale charakterisiert.
Erstens pflegte Direktor Blaser einen kooperativen Führungsstil. Das eigentliche
Leitungsgremium war das sogenannte Direktorium. Darin waren neben dem Direk-
tor die Abteilungsleiter, der Direktionsassistent sowie der Leiter Theorie vertreten.
Der kooperative Führungsstil setzte sich nach unten fort. Die Fachmeinung der Mit-
arbeiter hatte Gewicht, diese traten selbstbewusst auf. Dementsprechend war die
Identifikation mit dem Institut gross.

Zweitens waren Kaderfunktionen in der Regel nicht begehrt. Besonders die jungen
Physiker waren eher an ihrem Fachgebiet als an einer Führungsfunktion interessiert.
Blaser und Hirt vertraten die Ansicht, die besten Vorgesetzten seien jene, die man in
ihre Funktion gedrängt hatte. Die Erfolgsgeschichte des SIN gab ihnen recht, auch
wenn diese Philosophie es mit sich brachte, dass manchmal das Führen vernachläs-
sigt wurde. Indessen wusste insbesondere Hirt gut über das Geschehen im Personal
Bescheid und scheute sich nicht, ungeeignete Kaderpersonen zu ersetzen.

Drittens war die „statische" Struktur des Organigramms von einer dynamischen überlagert, indem für Teilprojekte oft ad-hoc-Gruppen gebildet wurden, die sich aus Physikern, Ingenieuren und Fachspezialisten verschiedener Abteilungen zusammensetzten. Als Projektleiter wurden qualifizierte Mitarbeiter eingesetzt, die organisatorisch in nicht hierarchisch gegliederten Studiengruppen eingeteilt waren.

Die oben erwähnten Personen blieben dem Institut grösstenteils als wertvolle Wissensträger während Jahren erhalten, weil Aufbau, Betriebsoptimierung und Weiterentwicklung der Anlagen langfristige Aufgaben darstellten. In den Folgejahren wurde das SIN-Team weiter ausgebaut, wobei es dem Institut gelang, sehr gut ausgewiesene Fachleute auf allen Stufen zu gewinnen.

Bild 18: 60-Tonnen Experimentierhallenkran vor der Montage, November 1970

Speziell erwähnt werden muss die Tätigkeit von Wilfred Hirt, der 1977 zum Stellvertretenden Direktor des SIN ernannt wurde. Blaser und Hirt bildeten während vieler Jahre ein starkes Team. Die beiden Persönlichkeiten ergänzten sich optimal und vertrauten einander in hohem Mass. Die wichtigen Entscheidungen entwickelten sie gemeinsam.

Wilfred Hirt

Nach dem Abschluss seiner Dissertation am CERN trat Hirt in die Direktion des SIN ein. In den folgenden Jahren widmete er sich dem Aufbau der Organisation. Dabei waren immer wieder Führungsprobleme zu lösen, wofür Hirt ein besonderes Geschick besass. Er hatte ein gutes Gespür für die Stärken und Schwächen der Mitarbeiter. In vielen Gesprächen mit den betroffenen Personen erreichte er einen Konsens, auf dessen Grundlage er Massnahmen ergriff. Er war an der Schaffung des SIN als Annexanstalt beteiligt und führte viele Strukturen ein, welche das Institut schliesslich als nationales Forschungszentrum und Benützerlabor etablierten. Daneben war er für das Personal- und Finanzmanagement zuständig. Oft wählte er hier ein unkonventionelles Vorgehen. Sein Stil fand jedoch viel Verständnis bei der Bundesverwaltung und erlaubte dem SIN, auf eine entwickelte Bürokratie zu verzichten.

Hirt spielte eine entscheidende Rolle bei der Meisterung politischer und akademischer Anfechtungen, so bei der Bewilligung des Injektors II und der Spallationsneutronenquelle. Obschon für Management-Belange zuständig, liess er es sich nicht nehmen, regelmässig an Physikalischen Kolloquien teilzunehmen. Er gestaltete die internationalen wissenschaftlichen Kollaborationen des SIN konzeptionell ebenso mit wie wissenschaftspolitische Aktionen, beispielsweise die Fortführung der Beschleuniger-Massenspektrometrie an der ETH-Hönggerberg oder die Übernahme des RCA-Labors in Zürich, bei der er federführend wirkte. Ganz entscheidend war seine Initiative bei der Vorbereitung der Fusion von EIR und SIN zum PSI. Mehrere Jahre lang führten viele persönliche Kontakte zur Keimung dieser Idee, und als dann der Schulrat die Hayek Engineering mit der Ausarbeitung beauftragte, war er der eigentliche Architekt des Projektes.

4. Der Aufbau der Beschleuniger- und Forschungsanlagen

4.1 *Konzept und Maschinenauslegung*

Wie Jean-Pierre Blaser im Vorwort zum ersten Jahresbericht des Instituts, der 1969 erschien, schrieb: „Ziel ist die Errichtung einer Forschungsanlage in Villigen, ausgerüstet mit einem 590 MeV-Beschleuniger für hohe Protonenströme [100 Mikroampere] und zugehörigen Einrichtungen für experimentelle Forschung auf den Gebieten der Elementarteilchen- und Kernphysik."

In der Baubotschaft hatte die Protonenenergie noch bei 500 MeV gelegen. Nach Messungen am CERN über die Produktionsrate von Pionen wurde die Zielenergie für das Ringzyklotron im April 1969 – praktisch im letzten Augenblick – von 500 MeV auf 590 MeV erhöht. Dies erforderte nicht nur eine neue Optimierung der Sektormagnete, sondern auch eine Erhöhung der Injektorenergie von 68 auf 72 MeV.

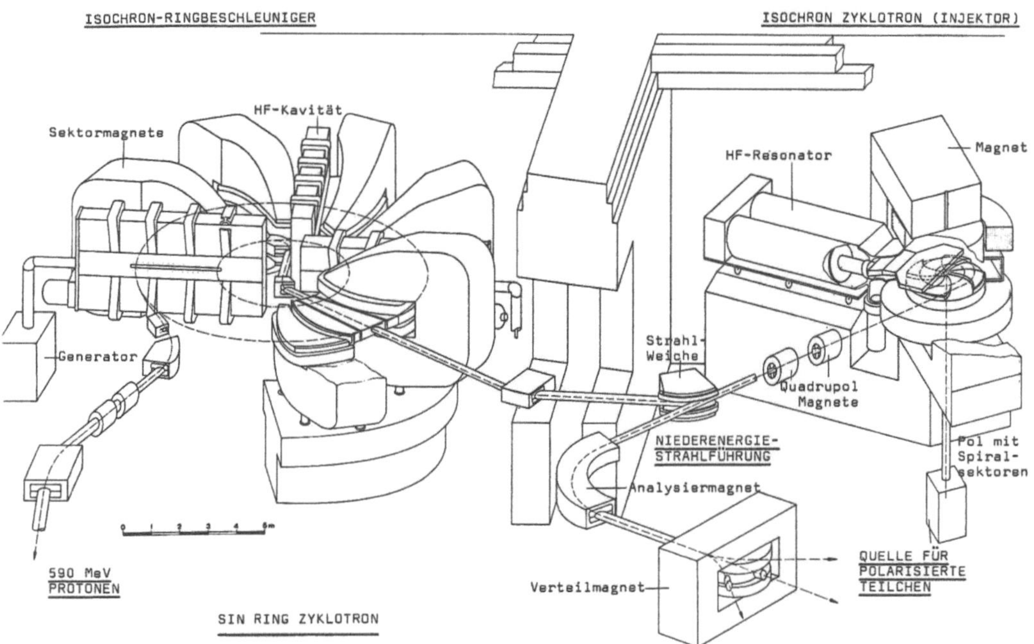

Bild 19: Schema der zweistufigen Beschleunigeranlage des SIN mit Philips-Injektor (rechts) und Ringbeschleuniger (links)

Im Juni 1969 waren die Entwickler daran, in den Hallen in Oerlikon Prototypen für die Maschinenkomponenten zu testen. Einen Spezialfall stellte die erste Beschleunigerstufe, der Injektor, dar. Als Anbieter aus der Industrie kamen die Firmen Philips aus Holland, AEG aus Deutschland, CSF aus Frankreich und die Cyclotron Corporation aus Kalifornien infrage.

Auf die Ausschreibung hatten sich Philips und AEG gemeldet. Zuerst eröffnete die AEG das Pokerspiel, indem sie einen Strahlstrom von 100 Mikroampere garantierte. Am Tag darauf musste Philips ihr Angebot von 50 Mikroampere ebenfalls auf 100 Mikroampere erhöhen, um eine Chance für den Zuschlag zu bekommen. Zudem bot die California Cyclotron Association ein Zyklotron mit negativen Wasserstoffionen – analog zu jenem am TRIUMF – als Injektor an, das sie an einer Fachmesse in Basel vorstellte. Dort bestürmte der Vertreter der Firma den anwesenden Werner Joho, er solle doch bitte Blaser überzeugen, dass ihre Maschine die beste von allen sei! Wie bereits in Abschnitt 2.3 beschrieben, hätten die Beschleunigerentwickler die AEG-Maschine vorgezogen, da sie eine bessere Leistung der Gesamtanlage versprach. Aus Rücksicht auf die Unterstützung des SIN durch die Universitäten entschieden sich Blaser und Willax für den Injektor von Philips. Dieser wurde nach harten Verhandlungen im Herbst 1968 bestellt. Mit dem Bau des Injektorzyklotrons begann Philips kurz darauf.

Bild 20: Fundamente für den Ringbeschleuniger im Ringbunker im Dezember 1970

Die Maschinenkomponenten des Rings waren bestellt oder wurden noch entwickelt. Dabei schlugen die Mitarbeiter öfters brillante Lösungen vor, zum Beispiel der Vakuumingenieur Hans Frei, dessen Idee einer torusförmigen Vakuumdichtung zwischen Sektormagnet und Hochfrequenzkavität das Ausfahren einer Kavität während der Anlagenrevision enorm erleichterte.

Am Standort Villigen liefen die Bauarbeiten programmgemäss. Der Terminplan galt nun als gesichert. Mitte 1974 sollte der Experimentierbetrieb aufgenommen werden.

Zur Begleitung der Forschung schlug Res Jost, Professor für Theoretische Physik an der ETH vor, eine Theoriegruppe aufzubauen. Jost hatte bereits beim Schulratspräsidenten für die Gewichtsverschiebung von der Kern- zur Teilchenphysik gewirkt, die er für sehr vielversprechend hielt. Er wollte die neuen wissenschaftlichen Fragen auch im Unterricht behandeln. Entsprechend Josts Vorschlag betraute die SIN-Direktion 1969 den jungen Theoretiker Norbert Straumann mit dem Aufbau der Gruppe. Die vielen Vorträge und Kurse, die Straumann in diesem Rahmen gab, sind den damals Beteiligten in bester Erinnerung. Da jedoch Straumann sein Tätigkeitsfeld wechselte, übernahm Florian Scheck 1970 die Leitung der Theoriegruppe. Diese war sehr aktiv und sorgte für zahlreiche Gastaufenthalte von wichtigen Wissenschaftern. Sie war auch bei der Beurteilung der vorgeschlagenen Experimente von grossem Wert.

4.2   Die Auslegung der Gesamtanlage

Für den Bau einer Mesonenfabrik genügte es nicht, den Beschleuniger, der die intensiven Protonenströme lieferte, zu entwickeln. Es mussten auch Konzepte entwickelt und realisiert werden, um mit den Protonen intensive Pionenstrahlen zu erzeugen, mit denen experimentiert werden konnte.

Die Erbauer des SIN entwickelten dabei folgendes Konzept: Der aus dem Ringzyklotron extrahierte Protonenstrahl wird in einen Protonenkanal eingeleitet und dann nacheinander auf sogenannte Targets geschossen, in denen die Protonen mittels Kernreaktionen Pionen erzeugen. Der Protonenstrahl würde in der Luft nach kurzer Distanz durch Streuung mit den Luftmolekülen verblasen. Er muss daher in einem Vakuumrohr transportiert werden. Wegen der sogenannten Strahldivergenz bläht sich der Strahl unterwegs auch im Vakuum auf. Er muss während der Strahlführung immer wieder durch Quadrupolmagnete zusammengedrückt werden. Ablenkungen der Strahlführung erfolgen ebenfalls durch Magnete.

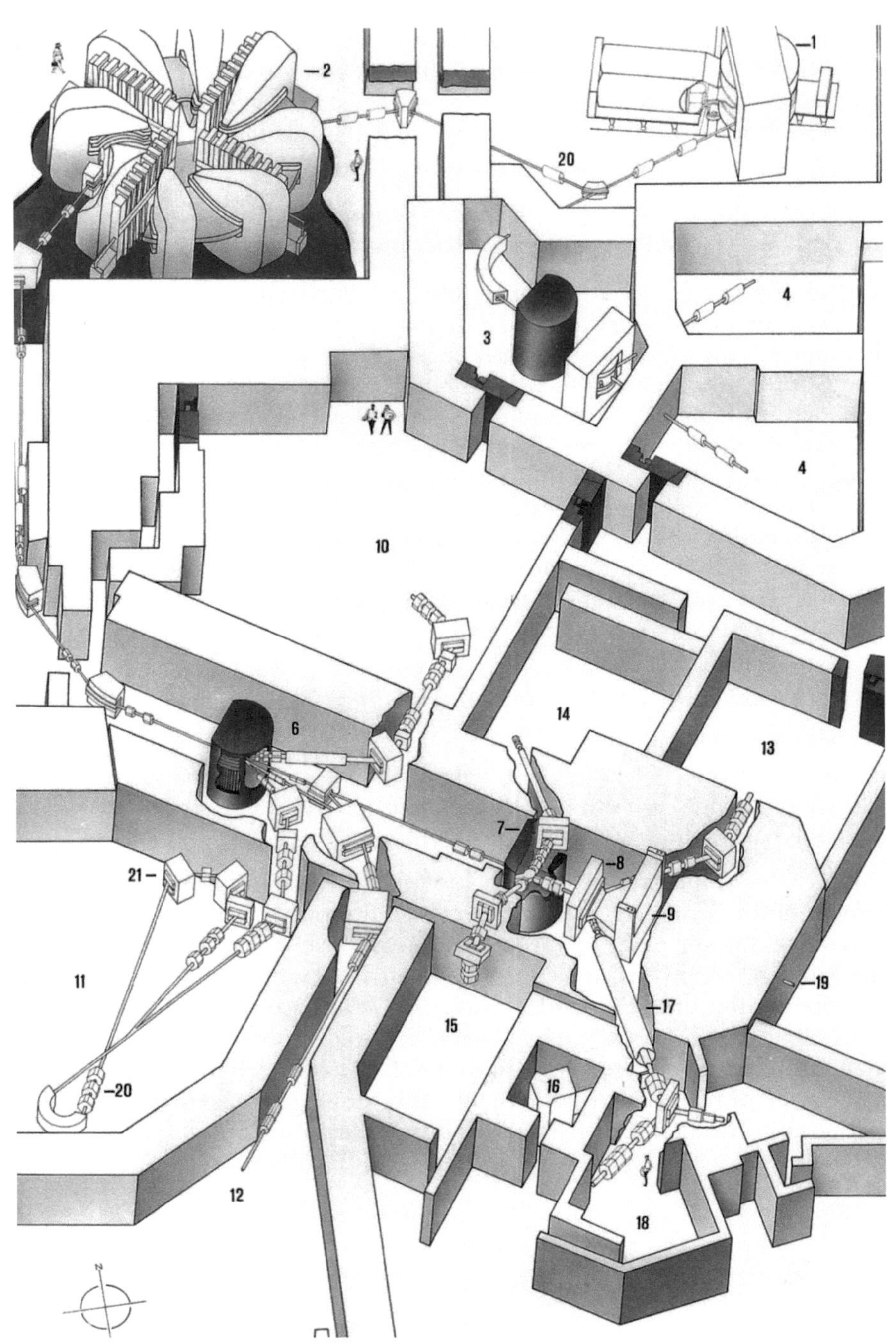

Bild 21: Schema der Experimentierhalle

1 Injektorzyklotron

2 Ringbeschleuniger

3 Analysierbunker

4 Niederenergie-Experimentierareale

5 Extrahierter Protonenstrahl

6 Targetstation M (Produktion von Pionen und polarisierten Protonen)

7 Targetstation E (Produktion von Pionen und Neutronen)

8 Ablenkmagnet

9 Strahlfänger

10 Experimentierareal πM1 (hochauflösender Pionen-Strahl)

11 Experimentierareal πM3 (Pionen mit hoher Energie und guter Strahlqualität)

12 Experimentierareal pM1 (polarisierte Protonen)

13 Experimentierareal πE1 (intensiver Pionen-Strahl hoher Energie)

14 Experimentierareal πE2/μE4 (Pionen niedriger Energie und kurzer Müonen-Kanal)

15 Areal für biologische und medizinische Forschung

16 Kristallspektrometer

17 Müonen-Kanal (supraleitendes Solenoid)

18 Areale μE1 bis μE3 für Müonen-Experimente

19 Abschirmmauer

20 Quadrupolmagnete (elektromagnetische Linsen)

21 Standard-Ablenkmagnet

22 Zwanzigtonnen-Bunkertüre

Die Qualität der Strahlführung war für den Erfolg des SIN als Mesonenfabrik entscheidend. Protonen, die den Strahl verlassen, erzeugen in den Wänden des Kanals Radioaktivität. Diese wird im Betrieb durch die dicken Mauern aus Stahl- und Betonblöcken abgeschirmt, darf aber nach einer Abklingphase gewisse Grenzen nicht überschreiten, weil sie sonst Service- und Reparaturarbeiten praktisch verunmöglichen würde. Nur weil es den Entwicklern der SIN-Anlage gelang, die Verluste entscheidend zu minimieren, konnten sie im Lauf der Zeit den Protonenstrom erfolgreich bis zu den heutigen Werten erhöhen – wobei sie bei den Mesonenfabriken an die Weltspitze gelangten.

Der Hauptprotonenstrahl wird zuerst auf ein dünnes Target geschossen und erzeugt Pionen. Dieses Target erhielt die Abkürzung M (nach dem französischen „mince" – sowohl in Deutsch als auch in Englisch lassen sich die Worte „dick, dünn" bzw. „thick, thin" nicht durch ihre Anfangsbuchstaben unterscheiden). Die meisten Protonen verlassen das Target M wieder und werden ins Target E („epais") gelenkt, wo sie wiederum Pionen, zudem Müonen und Neutronen erzeugen. Der Rest des

Strahls wurde in einem Strahlfänger aufgefangen – heute speist er die Spallationsneutronenquelle.

Eine besondere Herausforderung stellte die Entwicklung der beiden Targetstationen dar, für welche Christoph Tschalär zuständig war. In den Targets deponiert der Protonenstrahl eine erhebliche Wärme. Ohne Kühlmechanismen würden die Materialien verdampfen. Das Problem wurde dadurch gelöst, dass der Strahl tangential ein tellerförmiges Target streifte, das dauernd um seine Achse rotierte, sodass die Wärme über das ganze Target verteilt abgestrahlt wurde. Der Targetmechanismus enthielt vier solcher Teller, die aus Graphit, Molybdän und Beryllium bestanden.

Bild 22: Targetkopf mit vier Targeträdern

Durch den Beschuss mit Protonen wurden die Targetteller hoch radioaktiv. Grössere Revisionsarbeiten mussten daher in einer Hot-Zelle erfolgen. Die gesamte Konstruktion war so ausgelegt, dass die Targets mittels fernbedienter, abgeschirmter Target-Wechselflaschen ausgewechselt werden konnten, ohne das Bedienungspersonal der Strahlung auszusetzen. Ein besonderes Problem stellte sich bei den Rotationslagern für die Targetteller: Die hochintensive Teilchenstrahlung schloss eine Verwendung von konventionellen Schmierstoffen aus. Tschalär konnte das Problem schliesslich durch geeignete Oberflächenbehandlung und durch Verwendung von Molybdänsulfid lösen.

Das Bild 21 zeigt die Auslegung der Experimentierhalle mit den erwähnten Anlageteilen. Vom Target M aus wurden drei verschiedenartige Pionenstrahlen sowie ein Strahl mit polarisierten oder gestreuten Protonen in insgesamt vier Experimentierareale geleitet. Vom Target E waren es drei Pionenstrahlen, ein aufgeteilter Müonenstrahl sowie zwei Neutronenstrahlen für insgesamt sieben Experimentierstationen. Einer der Pionenstrahlen war für Biologie und Medizin reserviert. Es war der

einzige dieser Sekundärstrahlen, der nach unten gerichtet war – dies im Hinblick
auf mögliche Patientenbestrahlungen. Für die Entwicklung dieser Sekundärstrahlen
war Reinhard Frosch zusammen mit Erich Steiner und Manfred Daum verantwortlich. Auch das Injektorzyklotron lieferte verschiedene Strahlen für Experimente in
zwei Arealen. Deren Auslegung oblag den interessierten Gruppen von den Universitäten, gebaut und betrieben wurden sie von der Beschleunigerabteilung.

Bild 23: SIN-Areal Januar 1971. Auf dem Gelände die grosse Experimentierhalle mit Sched-
Dach, flankiert aareseitig vom Betriebsgebäude, bergseitig vom Speisungsgebäude; vor dem
Betriebsgebäude die Trafostation und am Kopf der Brücke zum EIR die Kläranlage; längs
der Zufahrtstrasse das Laborgebäude im Bau, anschliessend der Bauplatz der Montagehalle.

Die Anlage des SIN brauchte für ihren Betrieb mehrere Megawatt elektrische Leistung. Einige Hundert Kilowatt davon gingen in den Protonenstrahl – heute sind es
sogar über 1 Megawatt. Die notwendige Energie wurde über eine Trafostation direkt
vom Hochspannungsnetz des Aargauischen Elektrizitätsnetzes übernommen. Die
Anlagen zur Verteilung dieses Stroms an die Verbraucher – Hochfrequenzsysteme
für die Beschleunigung, Beschleunigermagnete sowie Magnete der Strahlführung,
und nicht zuletzt die Kühlsysteme – wurden in einem zu diesem Zweck erstellten
Speisungsgebäude untergebracht. Dieses enthält auch die umfangreichen Kühlsysteme, die mittels verschiedener Kühlkreisläufe die Wärme letztlich an die Aare

– später im Winter in den Rücklauf des regionalen REFUNA-Fernwärmesystems
– abgeben. Da das Kühlwasser für die innersten Komponenten radioaktiv ist, garantieren die gestaffelten Kühlkreisläufe, dass keine Radioaktivität an die Umgebung abgegeben wird.

Bild 24: Noch leere Kabelpritschen im Ringbunker, Sommer 1971

4.3   Der Aufbau der Anlagen in Villigen

Am 1. Juli 1971 wurden Experimentierhalle, Betriebsgebäude und Speisungsgebäude durch die Betriebsabteilungen übernommen. Sogleich begann die Montage der beiden Beschleuniger in der Experimentierhalle, wie im Zeitplan vorgesehen. Da die Planer dabei mit viel Unvorhergesehenem rechneten, war bereits drei Monate vorher ein Teil der SIN-Werkstätten mit der allernötigsten Grundausrüstung in Villigen stationiert worden. Diese Massnahme brachte dem Vorgehensplan viel Flexibilität und die Möglichkeit von kurzfristigen Entscheiden. Trotz einiger Ereignisse, die gewisse Arbeitsabläufe nachhaltig beeinflussten, konnte das für den Rest des

Jahres 1971 vorgesehene Programm für die Maschinenmontage eingehalten werden. Solche Ereignisse waren etwa die Beschädigung eines fertig bearbeiteten Magnetpols bei den Montagearbeiten im Werk; die ungenügende Leistung der Klimaanlage im Computerraum des Betriebsgebäudes mit Ausfällen, welche den Rechnerbetrieb verzögerten; der zeitweilige Ausfall des 60 Tonnen-Hallenkrans, hervorgerufen durch technische Mängel, die wegen der gedrängten Terminsituation nicht behoben werden konnten.

Anfangs Juli 1971 erfolgte auch der Teilumzug der Beschleuniger- und Ingenieurabteilungen ins neue Betriebsgebäude, wobei der Schwerpunkt dieser Abteilungen immer noch in Oerlikon blieb. Bei den Komponenten standen im Vordergrund die Leistungssteigerung der Hochfreqeuenzgeneratoren, die Entwicklung der magnetischen Trimmspulen (mit denen das Magnetfeld des Ringbeschleunigers ausgeglichen werden konnte) und die Entwicklung des Beschleuniger-Kontrollsystems. Zudem führten die zuständigen Physiker Rechnungen für Abschirmungen im Hinblick auf den Strahlenschutz durch.

Bild 25: Injektorzyklotron

Auch bei diesen Arbeiten stiessen die Ingenieure und Physiker teils auf unerwartete Schwierigkeiten. So ergab sich bei Dauerversuchen des Hochfrequenzsystems eine Überlastung der Röhren, die zur Zerstörung ihres Vakuummantels führten; für die weitere Entwicklung musste die Fabrikation verbesserter Röhrentypen abgewartet werden. Auch bei den Trimmspulen-Prototypen kam es zu unvorhergesehenen Erwärmungen, welche eine verbesserte Auslegung samt Belastungstests an Modellen erforderten.

Bild 26: Erster Sektormagnet des Ringzyklotrons in der Halle der MFO 1972, Gewicht 240 Tonnen

1972 wurde mit der Übernahme des Laborgebäudes der Umzug des SIN von Oerlikon sowie von der ETH nach Villigen grösstenteils abgeschlossen. Lediglich die Hochfrequenzgruppe blieb noch in Oerlikon, bis sie im Frühling 1973 die Tests der

Hochfrequenzgeneratoren beendet hatte. Abgesehen davon wurde es ein hektisches Jahr. Es gab wiederum viel Unvorhergesehenes, und man wollte den Zeitplan unbedingt einhalten. In der Experimentierhalle wurden die Abschirmungen aus Beton- und Eisenblöcken aufgebaut, wobei ein beträchtlicher Teil der Letzteren vom Bund aus der Kriegsmaterialreserve zur Verfügung gestellt worden war.

Bild 27: Kavität mit Vakuumkammer im Aluminium-Schweisswerk Schlieren

Im weiteren wurden die im vorhergehenden Abschnitt beschriebenen Experimentierareale vorbereitet. Dazu mussten unter Leitung von Reinhard Frosch Strahlführungen für die Sekundärstrahlen – Pionen, Müonen, polarisierte Protonen und Neutronen – entwickelt werden. Für die Müonenstrahlen war Claude Petitjean zuständig. Spezielle Aufmerksamkeit verdient der supraleitende Müonenkanal. Der damalige (erste) Direktor des TRIUMF, John Warren, warnte Werner Joho bei dessen Gast-Aufenthalt in Vancouver anfangs der 1970er Jahre, das SIN gehe ein zu grosses Risiko ein, wenn es den Müonenkanal gemäss Georg Vecseys Plan mit einer supraleitenden Zylinderspule (Solenoid) bauen würde. Unsicher seien sowohl das Verhalten der Spule in der Strahlung als auch die Kühlung durch superkritisches Helium. Darum baue TRIUMF einen Müonenkanal mit bewährten Quadrupolmagneten. Joho übermittelte diese Bedenken ans SIN, und auch viele Fachleute vom CERN warnten vor dieser viel zu riskanten und angeblich unnötigen Entwicklung. Doch Direktor Blaser hatte volles Vertrauen in Vecsey und sagte: „Wenn dieses neuartige Projekt wie erwartet klappt, dann sind wir der Konkurrenz weit voraus!" Dies trat genau so ein, und das Solenoid von Vecsey wurde später an allen Mesonenfabriken mit einer zeitlichen Verzögerung kopiert.

Bild 28: Montage des Ringbeschleunigers, 1972

Die Entwicklung der Sekundärstrahlen und Experimentierareale erfolgte in Zusammenarbeit mit den Nutzern. Es existierte bereits eine Liste der sich in Vorbereitung befindlichen wissenschaftlichen Experimente und der daran beteiligten Forschenden und Institutionen. Im Hinblick auf den Experimentierbetrieb wurde zudem rechtzeitig die Montagehalle Mitte 1973 übernommen.

Da das Interesse der Öffentlichkeit am neuen Institut gross war, organisierte die SIN-Leitung einen Besucherdienst. Dessen Funktion war eine Gratwanderung. Einerseits war dem SIN die Information der interessierte Öffentlichkeit wichtig. Anderseits durften die Besucherführungen die anspruchsvollen Montagearbeiten nicht stören.

Im Jahr 1973 konnte das SIN seine Beschleunigeranlagen planmässig weitgehend fertigstellen, Komponenten und Betriebssysteme testen und funktionsfähig machen. Dasselbe galt für die Targets, die Sekundärstrahlen und die Experimentierareale, wobei die Montage enormer Mengen von Abschirmmaterial einen hohen Aufwand erforderte.

Bild 29: Sicht auf den praktisch fertig gestellten Ringbeschleuniger

Bild 30 (folgende Seite): Der fertiggestellte Ringbeschleuniger und Teile des SIN-Personals, September 1973

Im Januar 1974 wurde der Beweis erbracht, dass sowohl Injektorzyklotron als auch Ringzyklotron ihren Spezifikationen gemäss realisiert worden waren. Das Philips-Zyklotron lieferte im Test einen Strahl von 100 Mikroampere, was die SIN-Physiker nach den Anlaufschwierigkeiten nicht erwartet hatten (routinemässig wurde dieser Wert erst nach Verbesserungen durch die SIN-Mannschaft 1979 erreicht). In den folgenden Monaten wurden die beiden Maschinen noch optimiert. Im Februar konnte der 40 Meter lange 590 MeV-Strahlweg bis zum Target M in Betrieb gesetzt werden.

Am 24. Februar 1974 war es dann so weit: Die massgeblichen Physiker, unter ihnen Direktor Blaser, waren im Beschleuniger-Kontrollraum versammelt. Um 00.35 Uhr wurde unmittelbar nach dem Durchgang durch das Target M (der aus dem Ring kommende Strahl traf nach einer kleinen Magnetkorrektur praktisch ohne langes Suchen das Target M) ein Protonenstrahl von 21 Nanoampere mittels einer szintillierenden Flüssigkeit nachgewiesen. Sekunden nach der Registrierung des Protonenstrahls wurde im am weitesten fortgeschrittenen Pionenareal Nummer drei erstmals ein Pion registriert.

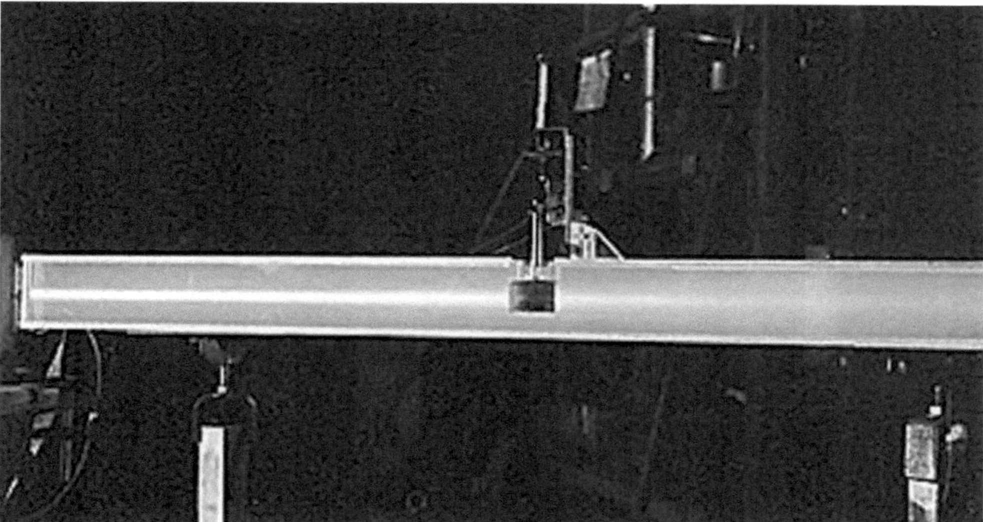

Bild 31: Der fingerdicke Protonenstrahl, von links kommend, wird dank einer szintillierenden Flüssigkeit sichtbar gemacht. Er durchdringt einen 7 cm dicken Kupferblock

3⁰⁰ p-Strahlführungssystem auf Version "N 1"
      eingestellt (Sollwerte siehe Rückseite)

0²⁷ p-Strahl im Target M auf NE 901
      ! auf Anhieb !   ⟨Bild № 1⟩
      in MHC vor M sind ca. 26 nA nachgewiesen
                                                    Strom wahrscheinlich
                                                    etwas grösser,
0³¹ ⟨erste Pionen⟩ nachgewiesen   da nicht mehr
                                                    im linearen Bereich
        ⟨Bild № 2⟩

,³⁴ auf Beam dump hinter dem Target werden
      ca. 5 nA gemessen (Cu + Fe)

      Bild № 1 :

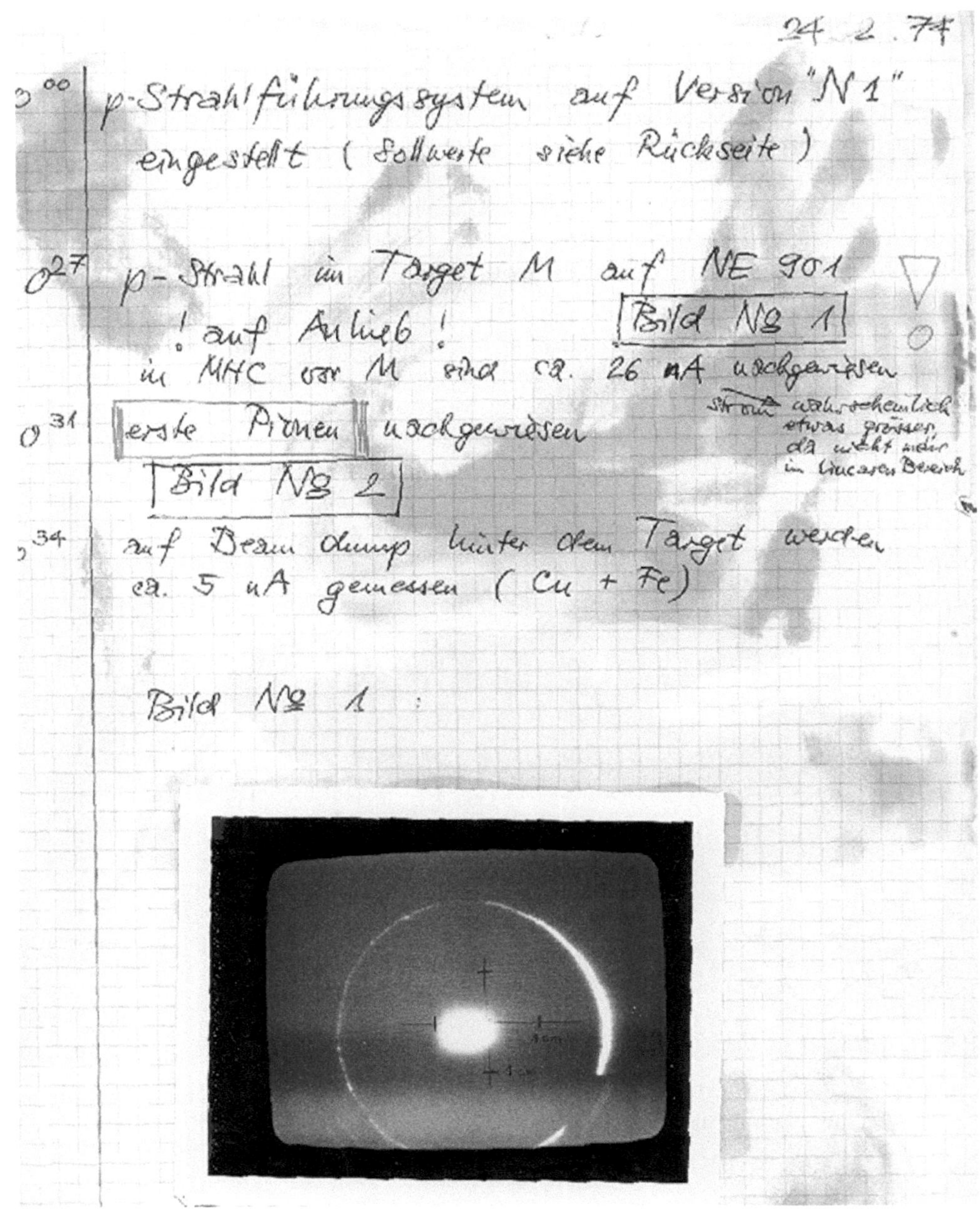

Bild 32: Logbucheintrag in der Nacht auf den 24. Februar 1974

Bild 33: 24. Februar 1974: Erste Pionen produziert. Im Kontrollraum von links Richard Reimann (ganz hinten), Thomas Stammbach (mit Pfeife), Manfred Daum (verdeckt), Werner Joho, Francesco Resmini (ganz vorn), Hans Willax, Paul Rudolf, Urs Schryber, Jean-Pierre Blaser. Nicht auf dem Bild ist M. Olivo. Er hat sich später beklagt, dass alle Beteiligten auf dem Bild zu sehen sind, nur er als Fotograf nicht!

Direktor Jean-Pierre Blaser konnte feststellen, dass die „unerwartet schnelle Inbetriebnahme von Beschleuniger und Teilchenstrahlen und die überraschende Betriebssicherheit und Stabilität" bereits Experimente erlaubten. Im Jahresbericht 1974 doppelte er nach: „Das Jahr 1974 ist ein Höhepunkt in der Geschichte des Instituts, fielen doch sowohl die erfolgreiche Inbetriebnahme der Beschleuniger wie auch die ersten wissenschaftlichen Resultate in das Berichtsjahr. Es war ein Jahr ganz besonderer Spannung für alle Beteiligten, die nach vieljähriger, zielstrebiger Entwicklungsarbeit nicht ohne bange Gefühle dieser ‹Stunde der Wahrheit› entgegensahen. Gross war daher die Freude und die Erlösung, aber auch der berechtigte Stolz, als Schlag auf Schlag, fast durchwegs mit weniger Schwierigkeiten als erwartet, alle Elemente der komplexen Systeme richtig funktionierten und sich so zu einer brauchbaren Forschungsanlage zusammenfügten."

Am 4. Oktober 1974 wurde das SIN offiziell eingeweiht. Dabei hielten Bundesrat Hans Hürlimann, CERN-Direktor Willibald Jentschke, Schulratspräsident Jakob Burckhardt, Präsident der Baukommission des SIN Claude Seippel und SIN-Direktor Blaser Reden.

Bild 34: Letzter Teil des Protonenkanals in seiner Aufbauphase, 1974. Im Vordergrund die Targetstation M, in welcher durch den Aufprall von Protonen auf Kohlenstoff oder Beryllium Pionen erzeugt werden. Die Targetstation E (im oberen Bilddrittel) befindet sich noch im Aufbau. Rund um den Protonenkanal werden Betonklötze als massive Abschirmung gegen unerwünschte Strahlung aufgebaut.

1975 fand erstmals ein regulärer Experimentierbetrieb mit dazwischen geschalteten Schichten für die Optimierung und Weiterentwicklung der Beschleunigeranlagen (die sogenannte „Strahlentwicklung") statt. Die Optimierung diente vor allem der Reduktion von Radioaktivität und somit der Servicefreundlichkeit und war zudem unabdingbar für die Erzielung höherer Strahlströme. Sie führte zuweilen zu Instabilitäten im Protonenstrahl, was die Experimentatoren, die einen möglichst stabilen Strahl wünschten, einschränkte.

Trotz Störungen und Kinderkrankheiten besonders beim Injektor (ein weiteres Argument für einen Injektor II) wurden Ende Jahr 62 Mikroampere Strahl auf Target erreicht. Die mittlere Strahlintensität betrug 10 bis 15 Mikroampere, wobei der Strahlweg für 100 Mikroampere eingerichtet war.

Dabei rechneten die Physiker mit unvermeidlichen Verlusten bei der Extraktion von 10%. Gegen eine entsprechende Aktivierung war der Protonenkanal ausgelegt, indem er beispielsweise keine Kunststoffe und nur Metalldichtungen enthielt. Ausserdem war er so eingerichtet, dass alle Komponenten einfach und schnell ersetzt werden konnten, ohne die Arbeitskräfte stark zu belasten. Um diese Belastung zusätzlich zu vermindern, hatte Charles Perret einen Manipulator gebaut. Er taufte ihn „Monitor", in Anlehnung an den entsprechenden Manipulator in Los Alamos, der „Merrimac" hiess – Merrimack und Monitor waren Namen von Panzerschiffen im amerikanischen Sezessionskrieg, das erstere gehörte den Konföderierten, das letztere den Unionisten. Die SIN-Physiker nannten die Einrichtung allerdings „Minimac" und setzten sie, im Gegensatz zu den Kollegen in Los Alamos, nur gelegentlich beim Umbau des Protonenkanals ein.

Als Folge des Kompromisses mit den Kernphysikern bei der Beschaffung des Injektorzyklotrons wurde ein Vierwochenzyklus eingeführt: Drei Wochen lang lieferte der Injektor seinen Protonenstrahl ans Ringzyklotron für Experimente mit Pionen und Müonen – das war der Hochenergiebetrieb. In der vierten Woche war das Philips-Zyklotron ausschliesslich für Kernphysikexperimente reserviert – im Niederenergiebetrieb.

Einen weiteren Unterbruch beim Hochenergiebetrieb stellte die Nutzung von polarisierten Protonen aus dem Injektor I dar. Zusätzlich stand bei ihrer Inbetriebnahme die medizinische Anlage Piotron in Konkurrenz zum Hochenergiebetrieb, weil der Strahlteiler, der einen Teil des Protonenstrahls für das Medizinareal abspaltete, noch nicht funktionierte. Dessen Inbetriebnahme verlief über lange Zeit sehr schwierig und verlangte sowohl von den Experimentatoren als auch von den Medizinern und ihren Patienten grosse Geduld. Claude Petitjean konnte diese komplizierte Situation jedoch meistern.

Ob es sinnvoll war, das teure Ringzyklotron einen Viertel der Zeit zugunsten der Kernphysikforschung ruhen zu lassen, ist diskutierbar. Die Situation war, wie oben erwähnt, entstanden, weil ein Kompromiss mit Universitätsinstituten geschlossen werden musste, und mit der späteren Inbetriebnahme des Injektors II war sie beendet.

Bild 35: 62 Mikroampere erreicht. Im Kontrollraum feiern im Jahr 1975 (von links) Heiri Oehninger, Claude Petitjean, Walter Fischer, Miguel Olivo, Hans Willax (vorn), Werner Joho und Kurt Zimmermann.

In den folgenden Jahren wurde die Leistung der Anlagen laufend verbessert. 1976 verzeichneten die Maschinenverantwortlichen erstmals über 100 Mikroampere Protonen auf Target E. Ihr Ziel war es, mit dem sich in Entwicklung befindenden Injektor II mindestens 1 Milliampere zu erreichen. Im weiteren gelang ihnen die anspruchsvolle Abtrennung eines Protonenstrahls zum Piotronareal.

Ein theoretischer Physiker fährt den Beschleuniger

Eine markante Persönlichkeit am SIN war Walter Fischer. Dieser war als theoretischer Physiker anfänglich in der Theoriegruppe des SIN tätig. Als seine dortige Anstellung nicht verlängert wurde, meldete er sich als Schichtleiter im Kontrollraum der Beschleunigeranlage. Dort entwickelte er sich zum Top-Operateur. Dank ihm gab es immer einen guten Strahl für die Experimentatoren, denn er „fühlte" den Beschleuniger. Später wurde er mit der Machbarkeitsstudie für die Spallationsneutronenquelle betraut, die er dann zusammen mit Christoph Tschalär konzipierte. Fischer verfügte neben einer guten Allgemeinbildung über ein enorm breites Fachwissen. Dieses erlaubte ihm, die Resultate undurchschaubar komplexer Computerprogramme mit einfachen, theoretischen Überlegungen zu validieren. Da er sich nebenbei zum „Beichtvater" für viele Kollegen und Mitarbeiter eignete, wusste er stets, was in Direktorium und Belegschaft des SIN vorging.

Schon die 100 Mikroampere waren von namhaften Experten angezweifelt worden. Darüber gewann Werner Joho eine Wette. Der Zyklotron-Spezialist Henry Blosser von der Universität Michigan prophezeite, das modifizierte Synchrozyklotron des CERN komme auf 20 Mikroampere, während die SIN-Anlage bei 40 Mikroampere anstehen werde. Wilfred Hirt rieb Werner Joho diese Prognose unter die Nase. Joho wettete um ein Nachtessen, dass das SIN immer um einen Faktor 10 höher sein werde. Er gewann die Wette und das Nachtessen spielend, denn das Synchrozyklotron des CERN kam nie über 8 Mikroampere hinaus.

1978 waren 100 Mikroampere auf Target Routine, und die Beschleunigerbetreiber arbeiteten an der Entwicklung einer fünften Kavität, der sogenannten Flattop-Kavität. Diese wurde 1979 ins Ringzyklotron eingebaut und hatte die Strahlverbesserung im Beschleuniger zum Zweck. Entscheidend dabei war, dass man damit sauber getrennte Bahnen bis zur Extraktion erreichte. Zusätzlich konnte durch einen exzentrischen Einschuss der Protonen die Bahnseparierung beim Extraktionsseptum verbessert werden. Mit dem Ersatz der vier Aluminium-Kavitäten durch solche aus Kupfer gelang es überdies später (siehe Hochstromausbau), die Kavitätsspannungen von 500 auf 900 Kilovolt zu steigern. Auch dies bedeutete, weil es weniger Umläufe brauchte, eine bessere Separierung der Teilchenbahnen.

Bild 36: SIN-Areal im Jahr 1980. Am linken Rand ist das Gästehaus zu sehen. Dieses bot den externen Forschergruppen Unterkunft während ihrer mehrwöchigen Experimente am SIN. Neu ist zudem der bergseitig an die Experimentierhalle angebaute Block mit Räumen für die medizinische Forschung sowie für die Supraleiter-Testanlage.

Auch der Injektor I wurde deutlich verbessert. Thomas Stammbach gelang es 1978, die Extraktionsrate des Philips-Injektors von ursprünglich 70% auf 95% zu steigern. Dies erleichterte den Servicebetrieb, weil durch die Reduktion der Verluste weniger Radioaktivität entstand, und steigerte zudem den Maximalstrom aus dem Ring von 100 auf 200 Mikroampere. Entscheidend war dabei auch die deutlich Verbesserung der Stabilität des Hochfrequenzsystems durch Peter Sigg.

1980 wurden 170 Mikroampere auf Target E erreicht, doch waren die beiden Targets diesen Spitzenströmen nicht gewachsen. Sie mussten neu konzipiert werden. Diese Tätigkeit gehörte zum Hochstromausbau (siehe Abschnitt 6.2), welcher im Hinblick auf eine Spallationsneutronenquelle ohnehin ein neues Anlagenkonzept erforderte.

1981 brachte dem Experimentierbetrieb am Ring allerdings einen Rückschlag: Wegen eines Vakuumlecks fiel der Hochenergiebetrieb für dreieinhalb Monate aus. Dieser Vorfall wurde technisch untersucht und veranlasste die Beschleunigerverantwortlichen zu weiteren Optimierungen. In den Folgejahren konnten sie die Leistung bei Strom und Strahlzeit weiter steigern.

Im Juni 1984 konnte das SIN den 10jährigen Betrieb der Forschungsanlagen mit einem Empfang und einem Symposium feiern. Bei diesem Anlass stellte Direktor Jean-Pierre Blaser fest: „Drei Personen haben an der Schaffung dieses nationalen Zentrums ganz besonderen Anteil: Bundesrat H.P. Tschudi, Schulratspräsident H. Pallmann und C. Seippel, Präsident der Baukommission."

... in den Zählern hätte es nur so gerauscht!"

Als die Beschleunigerbetreiber 7 Mikroampere erreicht hatten, lagen sie bereits deutlich über dem Wert von anderen Mesonenfabriken. Hans Hofer führte damals Messungen der Pionenproduktion durch. Von bisherigen Messungen war er es gewohnt, dass die Zähler tickten. Er konnte Hans Willax veranlassen, den Strom versuchsweise für kurze Zeit hochzufahren. Dies erzeugte zwar in der Experimentierhalle Ärger, weil die Strahlenschutzleute befürchteten, es entstehe zu hohe Radioaktivität im Protonenkanal, was ihre Arbeiten behindern könnte. Nachdem Willax die Maschine hochgetrieben hatte, erschien Hofer im Kontrollraum und verkündete begeistert, in den Zählern hätten nur so gerauscht".

5. Das Forschungsprogramm des SIN

5.1 Einleitung

Das SIN stellte seine Forschungsanlagen gemäss seinem Auftrag Wissenschaftern der schweizerischen Hochschulen zur Verfügung. Da die Anlagen in Europa einmalig waren, fanden sie auch bei vielen Forschern aus dem Ausland regen Zuspruch.

Der Zweck des SIN für die Forschung kann mit dem folgenden Schema erklärt werden

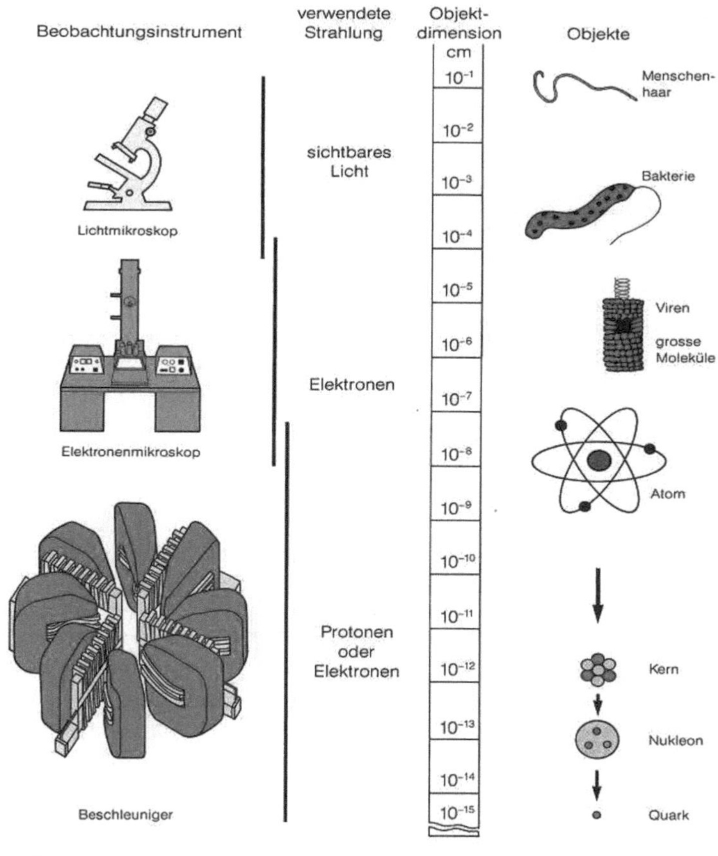

Bild 37: Forschungsinstrumente für verschiedene Objektgrössen

Der SIN-Direktion ging es nicht einfach darum, ein Benützerlabor zu führen. Sie wollte Forschung an der wissenschaftlichen Front und Spitzenresultate sehen. Um dies zu erreichen, wandte sie zwei Instrumente an: Erstens die Qualitätskontrolle innerhalb eines Netzwerks von Wissenschaftern mit internationalem Ruf; zweitens der gezielte Einsatz der Institutsmittel, um Projekte hoher Qualität zu fördern.

Der Wille der SIN-Direktion, exzellente Forschung zu fördern, wird in der (undatierten, vermutlich ca. 1974 gedruckten) SIN-Broschüre wie folgt formuliert: „Den Forschungsaufgaben am SIN sind die Anlagen bis ins Einzelne anzupassen. So können durch die Führung der Mesonenstrahlen mittels der magnetisch fokussierenden Kanäle den Wissenschaftern an ihren Experimentierplätzen genau analysierte Teilchenbündel zur Verfügung gestellt werden, deren Eigenschaften für jede experimentelle Aufgabe besonders zu wählen sind."

Das SIN war bereit, kostspielige Investitionen für Projekte, welche ausgewählt worden waren, zu leisten. Damit diese Grosszügigkeit nicht missverstanden wurde, bestand die Direktion auf einem haushälterischen Umgang mit den ihr zur Verfügung stehenden Budgetmitteln.

Vom sparsamen Umgang mit den Forschungsgeldern

Die SIN-Direktion legte grossen Wert auf einen haushälterischen Einsatz der Mittel zugunsten der Forschung. Jeglicher Luxus war verpönt. Das äusserte sich besonders bei den Reisespesen. Für Besuche von Konferenzen galt nach Direktor Blaser: „Lieber vier Teilnehmer in einem Zweisternhotel als zwei Teilnehmer in einem Viersternhotel." Überhaupt vergütete das SIN – mit dem Einverständnis des Personals – bei den Reisespesen tiefere Ansätze als vom Bund vorgeschrieben. Dadurch konnte es der Eidgenössischen Finanzkontrolle, welche die Ausgaben für die teuren Forschungsinstrumente nicht beurteilen konnte, den haushälterischen Umgang demonstrieren. Übrigens kursierte bei den Physikern das Gerücht, die Dame, welche damals im Finanzdienst die Reisespesen handhabte, hätte einem Experimentator die Benutzung einer Jugendherberge aufbrummen wollen ...

Die Experimente an den Anlagen des SIN waren umfangreicher als gemeinhin vermutet. Sie wurden in einer – oft internationalen – Kollaboration verschiedener Hochschulen durchgeführt, umfassten bis zehn Wissenschafter, darunter meist solche vom SIN selbst, und die Projekte erstreckten sich über mehrere Jahre. Eine Gruppe von interessierten Wissenschaftern konnte ein Experiment vorschlagen. Die Vorschläge wurden von international besetzten Kommissionen begutachtet und dann dem Plenum aller Benützer – der sogenannten Benützerversammlung – vorgestellt. Fand ein Vorschlag Unterstützung, richtete das SIN ein entsprechendes Experimentierareal ein und stellte dem Experiment Strahlzeit, Werkstattkapazität, Rechnerleistung und manchmal Geld für Einrichtungen wie Detektoren oder spezielle Magnete sowie für Vorbereitungsarbeiten an einer Universität zur Verfügung. In der Regel überstiegen die Wünsche die verfügbare Strahlzeit, sodass am Ende das vom Direktor des SIN geleitete Programmkomitee entscheiden musste.

Bis zur Nutzung des Teilchenstrahls verging oft ein Jahr mit theoretischer Planung und Konstruktion der Forschungsapparaturen. Hierauf führten die Wissenschafter in mehreren wochenlangen Perioden, die sich über ein weiteres Jahr erstrecken konnten, am SIN ihre Messungen durch. Anschliessend setzte die Auswertung ein, die in vielen Fällen den Einsatz grosser Computer erforderte.

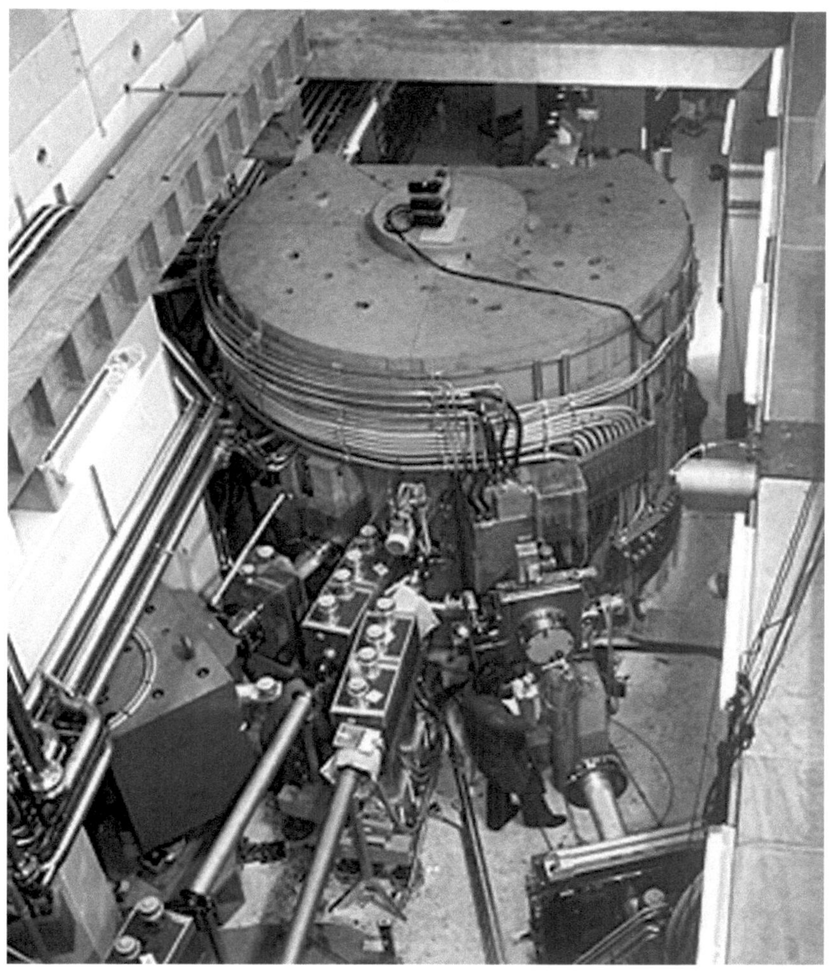

Bild 38: Produktionstarget M mit Blick auf die Sekundärstrahlrohre

In einem typischen Experiment am SIN wurden Elementarteilchen wie Pionen oder Müonen als Projektile auf ein Stück Material, das sogenannte Experimentiertarget (nicht zu verwechseln mit den Produktionstargets, welche Pionen und Müonen lieferten) geschossen. Sie lösten im Target Kernreaktionen aus, die sich auf verschiedene Weise manifestierten: Die Projektile wurden abgelenkt („gestreut"), abgebremst oder von Kernen absorbiert, oder es entstanden neue Teilchen. Aus der Zahl und Natur der Reaktionen konnten die Forschenden Rückschlüsse über die Kräfte zwischen den Elementarteilchen oder die Eigenschaften der Target-Atomkerne ziehen.

Bild 39: Protonenkanal zum Target M

Als Projektile dienten vornehmlich die am SIN in grosser Anzahl produzierten Pionen sowie Müonen. Pi-Mesonen, kurz Pionen genannt, entstehen beim Aufprall
der beschleunigten Protonen auf die Produktionstargets M und E. Es gibt positiv
und negativ geladene sowie neutrale Pionen. Müonen, eine Art schwere Elektronen,
entstehen beim Zerfall der relativ kurzlebigen geladenen Pionen. Sie haben positive oder negative Ladung. Weitere geeignete Projektile aus den SIN-Anlagen waren
Protonen, Neutronen oder sogar leichte Kerne wie Deuteronen und Alpha-Teilchen
(Helium-4-Kerne). Es gab eine grosse Vielfalt dieser sogenannten Sekundärstrahlen, doch schlossen sich diese teilweise aus oder konnten nur bedingt gleichzeitig
genutzt werden. Mit dem späteren Aufkommen von lang dauernden Experimenten
war diese Vielfalt nicht mehr möglich.

Bild 40: Experimentierareal. Von links oben kommend der Sekundärstrahl, davor wird ein
Experimentier-Target aufgebaut.

Die wissenschaftlichen Gebiete, die am SIN bearbeitet wurden, waren vielfältig.
Neben den Hauptgebieten Elementarteilchen- und Kernphysik gewannen Unter-
suchungen an Festkörpern und chemischen Lösungen mit Hilfe von Müonen und
Pionen als Sonden zunehmend Bedeutung. Experimente mit negativen Pionen an
biologischem Material lieferten die Grundlage zur Krebstherapie mit Pionen an
Menschen. Der Direktor des SIN konnte daher bereits im Jahresbericht 1974 schrei-

ben: „Das stimulierende Zusammenwirken verschiedener Forschungsgebiete – von Kern- und Teilchenphysik über Festkörperphysik und Chemie zu den biologisch-medizinischen Anwendungen – schafft eine begeisternde wissenschaftliche Atmosphäre." Der Trend zur Diversifikation der Forschung ging weiter. Das Anlagenkonzept des SIN war dermassen flexibel, dass es beim Auslaufen abgearbeiteter Forschungsrichtungen die Aufnahme neuer Themen erlaubte.

Anderseits hatte der Ausbau der SIN-Anlagen zu immer höheren Strahlströmen (siehe folgendes Kapitel) einen grossen Einfluss auf das Forschungsprogramm, indem die hohen Ströme noch empfindlichere und genauere Messungen ermöglichten.

Gleichsam als Spin-offs der Entwicklung der Beschleunigeranlagen ergaben sich im Lauf der Zeit weitere Projekte in angewandter Forschung und Entwicklung, die im Forschungsprogramm des SIN einen wichtigen Platz fanden.

1985 weist der Jahresbericht auf das anspruchsvolle Experimentierprogramm hin. In diesem typischen Jahr verzeichnete das SIN 100 Experimente mit 80 beteiligten Instituten. Wissenschafter des SIN waren an vielen der Experimente beteiligt, wobei sie vor allem auch für die experimentellen Einrichtungen zuständig waren. Später verstärkte das Institut die eigene Forschung. Um dieser einen organisatorischen Rahmen zu geben, gründete es die Forschungsabteilung SINFA und unterstellte diese John Domingo.

In den Folgejahren setzte sich der Trend zu immer raffinierteren Experimenten dank hohem Strahlstrom fort. Das zeigte sich auch in den steigenden Anforderungen ans Computing, das heisst an die Verarbeitung der experimentell gewonnenen Daten. Diese Aktivität nimmt denn auch in den Jahresberichten des SIN ab Mitte der 1980er Jahre immer mehr Raum ein.

Mit dem Übergang zum PSI ging die Bedeutung der Teilchen- und Kernphysik angesichts neuer Forschungsrichtungen, welche die Beschleunigeranlagen des SIN nutzten, insgesamt zurück.

5.2   *Teilchenphysik*

Dieses Gebiet betrifft die Klassifizierung der Elementarteilchen nach elektrischer Ladung, Masse, magnetischem Moment und weiteren Grössen sowie die Struktur der Wechselwirkungen oder Kräfte, denen sie unterworfen sind. Sieht man von der Gravitation ab, die bei den kleinen Massen der Teilchen keine Rolle spielt, beschäftigten sich die Forschenden am SIN mit allen weiteren bekannten Wechselwirkungen, nämlich elektromagnetisch, schwach und stark. Der elektromagnetischen Kraft sind alle geladenen Teilchen unterworfen. Müonen und Elektronen unterliegen zusätzlich der schwachen Kraft. Die Kernkraft betrifft Nukleonen (Protonen, Neutronen) sowie Pionen. Die Forschung in Teilchenphysik versucht, Kräfte und Teilchenarten auf wenige Grundelemente zurückzuführen. Dass die elektromagnetische und die

schwache Wechselwirkung Manifestationen einer elektroschwachen Kraft sind,
wurde in den 1970er Jahren entdeckt. Um die starke Wechselwirkung ebenfalls ein-
zubeziehen, dachten sich die Forscher am SIN verschiedene Experimente aus.

Bild 41: Das rund 8 Meter hohe SUSI- (SIN Universal Spectrometer Installation) Pionenspektrometer

Einige davon betrafen die Frage, ob die Neutrinos, die beim Zerfall von Atomkernen, von Pionen und von Müonen entstehen, eine von Null verschiedene Masse
besitzen. Es gelang, die bisherige obere Grenze der Neutrinomasse nochmals deutlich zu reduzieren. Ein weiteres, vom Nobelpreisträger Rudolf Mössbauer geleitetes
Experiment, das am Kernkraftwerk Gösgen durchgeführt wurde, beschäftige sich

mit möglichen Übergängen zwischen den verschiedenen Neutrinos, den Neutrino-Oszillationen. Innerhalb der sehr hohen Empfindlichkeit dieses Experiments wurden keine Oszillationen gefunden.

Allgemein erlaubte es die hohe Intensität des Protonenstrahls aus dem Ring, mit Nukleonen, Pionen, Müonen und Neutronen solch eigentlich verbotene oder sehr seltene Ereignisse zu untersuchen und Präzisionsmessungen durchzuführen, welche eine obere Grenze für das Auftreten des Ereignisses festlegten.

Bild 42: Experimentierhalle des SIN. Rechts verläuft der Protonenkanal unter den Abschirmblöcken aus Beton. Links davon Experimentierareale der Sekundärstrahlen des Targets M.

Der Untersuchung der elektroschwachen Wechselwirkungen in der Teilchenphysik dienten Messungen und Experimente zu Pionen- und Müonenzerfällen sowie Müoneneinfang. Die starke Wechselwirkung wurde mittels Pion-Nukleon- sowie Nukleon-Nukleon-Streuexperimenten untersucht.

Ab 1981 wurden für die Experimente am Ring zunehmend grosse Detektoren entwickelt, welche die Spitzenmöglichkeiten der Elektronik einsetzten, um zentrale Fragestellungen der Teilchenphysik anzugehen, wie etwa die Erhaltung der Leptonenzahl beim Zerfall des Müons in drei Elektronen. Stichworte hierzu sind das riesige SUSI-Pion-Spektrometer von 1974 (Bild 41), das LEPS (ein Spektrometer der Universität Karlsruhe für die Wechselwirkung niederenergetischer Pionen mit Kernen) und das SINDRUM (für seltene Müonenzerfälle), die 1983 in Betrieb gingen. 1985 folgte das BGO-Kalorimeter für seltene Pionenprozesse. Eine eingehendere Beschreibung der Detektoren und der damit bezweckten Messungen würde den Rahmen dieser Geschichte übersteigen. Wir verweisen dafür auf die Schrift von Peter Truöl.

Zusammenfassend gilt die Feststellung, dass die sehr hohen Intensitäten der Pionen- und Müonenstrahlen es erlaubten, sehr seltene Zerfälle zu studieren sowie die Grenzen für die Wahrscheinlichkeit solcher Zerfälle um mehrere Grössenordnungen zu senken. Seltene Zerfälle sind wegen der vermuteten Gültigkeit von Erhaltungssätzen eigentlich verboten, jedenfalls können sie mit dem heutigen Standardmodell nicht erklärt werden. Die Suche nach seltenen bzw. verbotenen Prozessen war der wichtigste Zweig der Teilchenphysik am SIN, und er hatte den grössten Einfluss auf die Wissenschaft. Wie Peter Truöl in seiner zusammenfassenden Darstellung schrieb, „kann hier die Mittelenergiephysik durchaus mit der Höchstenergiephysik konkurrieren".

5.3 *Kernphysik*

Der Hauptakzent der am SIN betriebenen Kernphysik lag auf Reaktionen von Pionen und Müonen mit Kernen zur Erforschung der Atomkernstruktur. Die Physiker untersuchten pionische und müonische Atome, bei denen der Kern die entsprechenden Teilchen einfing, sowie Müonium (ein exotisches Atom aus einem Anti-Müon und einem Elektron); die Streuung von Pionen, Müonen und Nukleonen an Atomkernen; der Beschuss von Kernen mit polarisierten Protonen; die Streuung von polarisierten Deuteronen an Heliumkernen.

Ein Grossteil der Kernphysik wurde an Strahlen des Philips-Injektors betrieben. Das war einer der Gründe, dass der Injektor I auch nach der Inbetriebnahme des Injektors II weiter genutzt wurde.

5.4 *Anwendungen*

Müonen und Pionen eigneten sich nicht nur für Experimente in Teilchen- und Kernphysik, sondern auch für die chemische Strukturanalyse in der Atom- und Festkörperphysik. Besonders die positiven Müonen können als Sonden in Festkörpern und chemischen Lösungen eingesetzt werden. Werden polarisierte Müonen in einem Material gestoppt und zerfallen dann, kann man aufgrund der Messung verschiedener Parameter auf das lokale Magnetfeld schliessen, welches das Müon während seiner Lebensdauer „gesehen" hat.

Müonen in Wasserstoff können zwei Kerne in einer Art Molekül so binden, dass diese sehr nahe aneinander geraten und es zu einer Kernfusion kommt. Am SIN konnte zum ersten Mal gezeigt werden, dass ein einzelnes Müon mehr als eine Fusion induzieren kann.

Pionen fanden zudem Verwendung in der Biologie und – schwergewichtig – in der Nuklearmedizin. Zu diesem Zweck gab es schon früh im Pionenareal 3 des Targets E einen nach unten gerichteten Strahl von Pionen. Eine weitere Anwendung, die sich zu einem grösseren Programm ausweitete, war die Produktion von Isotopen für Anwendungen in der Medizin.

Die medizinischen Programme sowie die weiteren bedeutenden Anwendungen – Supraleitung und Kernfusion, Neutronenquelle – werden im Kapitel 9 beschrieben.

6.   Der Ausbau der Anlagen geht weiter.

6.1   Der Injektor II

Bei der ursprünglichen Wahl des Injektorzyklotrons hatten sich die SIN-Gründer aus wissenschaftspolitischen Gründen für das Philips-Zyklotron entschieden im Bewusstsein, dass dadurch der mit der Gesamtanlage zu erzielende Strahlstrom auf Grössenordnung 100 Mikroampere begrenzt sein würde. Ab Inbetriebnahme gelang es den Beschleunigerbetreibern, den Strahlstrom laufend zu erhöhen und seine Qualität zu verbessern. 1977 waren die Verbesserungsmöglichkeiten an der Beschleunigeranlage wegen des Injektors I allerdings ausgereizt.

Eine hohe Intensität beim Protonenstrahl war aber von Anfang an das Ziel des SIN gewesen. Die Leitung des SIN fasste daher bereits früh den Entschluss, einen zweiten Injektor zu konzipieren, welcher eine bessere Leistung des Ringbeschleunigers ermöglichen sollte. Mit der neuen Maschine wurde ein Protonenstrom aus dem Ring von mindestens 1 Milliampere angestrebt. Das würde Investitionen in der gesamten Anlage erfordern, aber neue Forschungsmöglichkeiten eröffnen.

Für die Konstruktion des Injektors II sprach, neben einer höheren Strahlintensität, auch die Tatsache, dass das Ringzyklotron jede vierte Woche brachlag, weil der Injektor I für Kernphysikexperimente reserviert war. Diesen absurden Zustand illustrierte Werner Joho an einem Vortrag drastisch mit einem analogen Beispiel: Der schweizerische Formel-1-Pilot Regazzoni müsse jedes vierte Rennen auslassen, weil seine Frau den Rennwagen zum Einkaufen brauche. Nie, sagt Joho, habe er bei einem Vortrag einen grösseren Lacherfolg erzielt.

Im Dezember 1973 war der Konzeptbericht für den Injektor II fertig. Das SIN setzte eine Projektleitung ein, die Hans Willax, Urs Schryber, Werner Joho und Miguel Olivo umfasste. Mit der Gründung der neuen Abteilung „Anwendungen/Projekte", die von Urs Schryber geleitet wurde und den Injektor II entwickelte, schied Hans Willax aus der Projektleitung aus. Der Zeitplan sah vor, anfangs 1974 mit der Konstruktion zu beginnen, sodass die Strahltests Ende 1977 erfolgen konnten. Vor allem aus Budgetgründen verzögerte sich das Projekt.

Da die von Blaser vorgesehene interne Finanzierung nicht klappte, beantragte der Bundesrat den eidgenössischen Räten im Rahmen der ETH-Baubotschaft 1977 für den Injektor II des SIN einen Kredit von 15.3 Millionen Franken, der problemlos bewilligt wurde.

Bis zur Inbetriebnahme der neuen Maschine, die für 1982 geplant war, stellte der neue Injektor das Hauptprojekt am SIN dar. Es zeugt vom Mut der Beschleunigerbauer des SIN, dass der Injektor II bereits im Jahr 1972 konzipiert wurde, bevor das Ringzyklotron seine Funktionsfähigkeit bewiesen hatte. Erst recht irritierend war dies für die Lieferanten des Philips-Injektors!

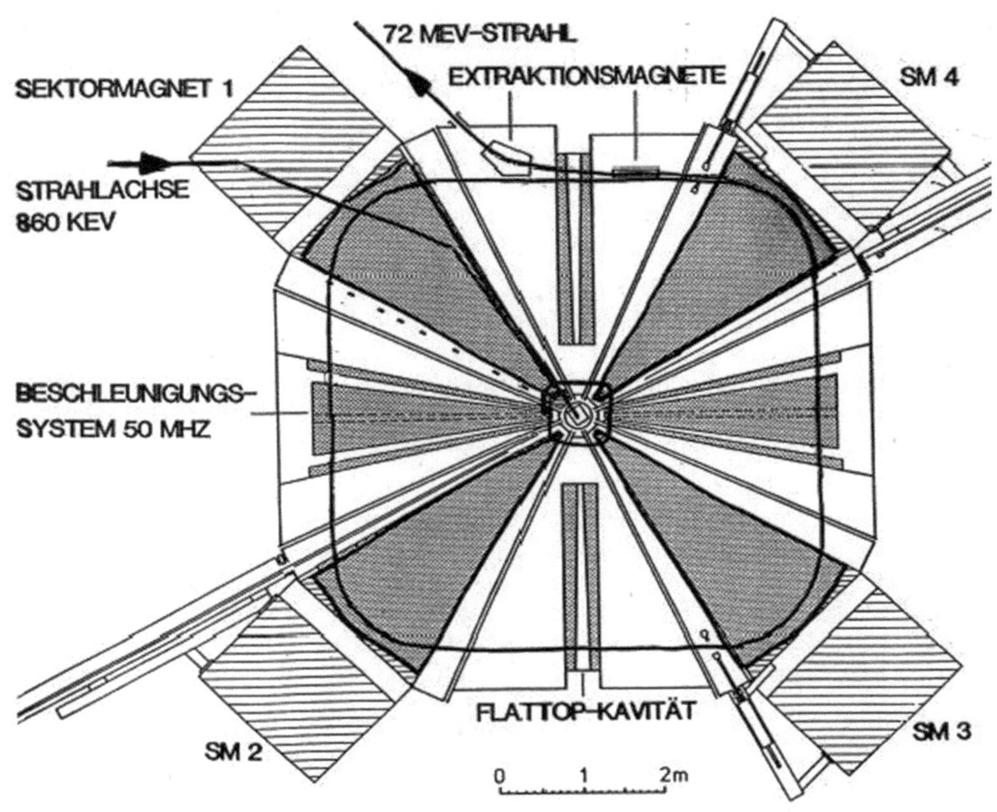

Bild 43: Konzept des Injektors II

Der Injektor II wurde wiederum gemäss dem zweistufigen Konzept von Willax
ausgelegt. Er besass, wie der Ringbeschleuniger, eine Vorstufe. Zuerst waren zwei
Zyklotrone in Serie geplant. Schliesslich wurde zugunsten der Servicefreundlichkeit eine tiefe Injektionsenergie von 860 Kiloelektronvolt gewählt. Dies erlaubte die
Verwendung eines elektrostatischen Vorbeschleunigers, bedingte aber wegen der
engen Platzverhältnisse für den Einschuss ins Injektorzyklotron II, dass dieses einen sehr grossen Radius erhielt. Es stellte sich allerdings heraus, dass durch diese Vergrösserung das Gewicht der Magnete, wegen des schwächeren Magnetfelds,
nicht grösser wurde. Der Vorbeschleuniger bestand aus einer industriell gefertigten
Cockroft-Walton Hochspannungsanlage von 860 Kilovolt und einer im SIN entwi-

ckelten Protonenquelle. Die Protonen wurden in den Injektor II eingespeist, wo sie auf 72 MeV beschleunigt und in den Ring geführt wurden.

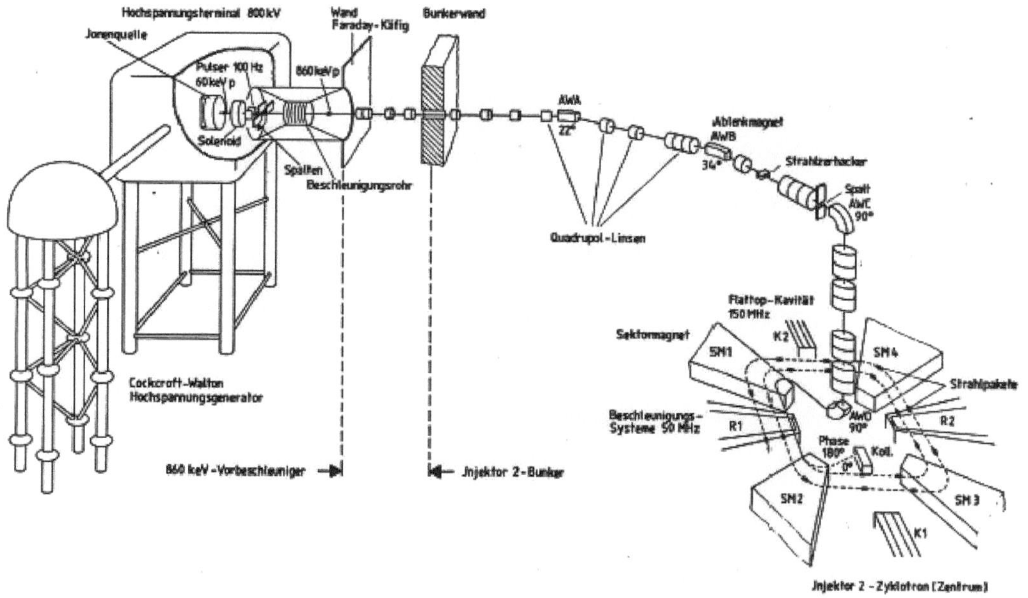

Bild 44: Schema Einschuss in Injektor II. Links der Cockroft-Walton Hochspannungsgenerator, darüber der Hochspannungterminal mit 860 Kilovolt mit der Ionenquelle darin. Über eine Beschleunigungsrohr werden die Protonen mit Hilfe von Ablenkmagneten in den Injektor II-Bunker und dort von oben ins Zentrum des Injektors geführt.

Stefan Adam, der wesentlich an der Auslegung der Sektormagnete des Rings beteiligt gewesen war, zeigte durch seine Strahlberechnungen für den Injektor II, dass sich das ursprünglich längliche Strahlpaket bei hohen Intensitäten durch Raumladungskräfte zu einer kleinen Kugel verformte. Erst dank diesem Effekt war es möglich, Strahlströme von 2.7 Milliampere aus dem Injektor zu extrahieren.

Im Jubiläumsjahr 1984 war der Vorbeschleuniger erfolgreich getestet, und der Injektor II ging in Betrieb. Allerdings durfte er erst 500 Mikroampere an den Ring liefern, da die Targets für die Pionenproduktion noch keine Protonenströme über 170 Mikroampere aufnehmen konnten. Sie mussten umgebaut werden, und das galt für den Ringbeschleuniger sowie die gesamte Strahlanlage in der Experimentierhalle. Das führte zum nächsten Grossprojekt, dem sogenannten Hochstromausbau.

Nachzutragen ist, dass die SIN-Direktion, auch auf Anraten des Schweizerischen Wissenschaftsrats, aufgrund des immer noch attraktiven Experimentierprogramms am Injektor I beschloss, diesen für die sogenannte Niederenergieforschung weiter zu betreiben. Die betreffenden Experimentatoren hatten nun gar den Vorteil, dass sie die Maschine die volle Zeit nutzen konnten, da sie nicht mehr als Injektor dienen musste. Der Betrieb war stark auf Experimente mit polarisierten Teilchen ausgerichtet. Erstmals wurde auch ein entsprechender Neutronenstrahl installiert. Mehr verwendet wurde das Philips-Zyklotron auch für die Isotopenproduktion und die Augentherapie mit OPTIS.

Bild 45: Cockroft-Walton-Hochspannungsgenerator für 860 Kilovolt

Mit der Inbetriebnahme des Injektors II liessen sich die Beschleunigeranlagen des SIN gemäss der nachfolgenden Zusammenstellung charakterisieren.

Die Beschleunigeranlagen des SIN

Injektorzyklotron I (Philips):

    Isochrones Zyklotron mit 4 Spiralsektoren
    Elektromagnet 490 Tonnen
    Leistungsverbrauch ca. 1 Megawatt
    Liefert
    Protonen von 10 bis 72 MeV
    Deuteronen von 10 bis 65 MeV.
    Helium-4-Kerne von 20 bis 130 MeV
    Wird ab 1985 für Niederenergiephysik und medizinische Anwendungen genutzt

Injektorzyklotron II (SIN), Inbetriebnahme 1984:

    Isochrones Ringzyklotron mit Vorbeschleunigung
    je 4 Sektormagneten und Hochfrequenzresonatoren.
    Vorbeschleuniger: Cockroft-Walton, 860 keV
    Gesamtgewicht der Magnete 720 Tonnen
    Leistungsverbrauch 1.2 Megawatt
    Liefert bis 2 Milliampere Protonen von 72 MeV

Ringzyklotron (SIN):

    Isochrones Zyklotron mit 8 räumlich getrennten Magneten (Spiralsektoren)
    und 4 zwischen die Magnete eingeschobenen Hochfrequenzresonatoren
    Gewicht aller Magnete 1944 Tonnen
    Gesamtdurchmesser 15 Meter
    Spitzenspannung der Resonatoren 600 Kilovolt
    Leistungsverbrauch ca. 2 Megawatt
    Bisher maximal 190 Mikroampere von 590 MeV-Protonen

Hochenergieteilchenstrahlen mit rund 160 Strahlführungsmagneten

Strahlenabschirmung:

    27'000 Tonnen Blöcke aus Normalbeton
    7400 Tonnen Blöcke aus Schrotbeton
    14'000 Tonnen Blöcke aus Eisen.

Laufende Experimente (1984):

    10 Niederenergie
    45 Hochenergie
    10 Biologie

Bild 46: Der Injektor II

6.2   *Der Hochstromausbau*

Mit der Inbetriebnahme des Injektors II war die Grundlage für den Ausbau der Anlagen zu Strahlströmen von mehreren Milliampere gegeben. Bei 600 MeV bedeutete das, dass der Protonenstrahl in den Leistungsbereich von über 1 Megawatt gelangte – in Bezug auf die Strahlenabschirmung und die Sicherheit der Strahlführung keine triviale Grösse. Die Begrenzung der SIN-Finanzen durch Sparübungen des Bundes und des ETH-Bereichs veranlasste das Direktorium bereits 1982, den ursprünglich vorgesehenen raschen Ausbau von Ringbeschleuniger, Strahlführung und Targets mit Sekundärstrahlen um mehrere Jahre zu verschieben und vorerst einen Zwischenschritt mit bis zu 0.5 Milliampere einzuplanen.

Bevor die vom Injektor II gelieferten hohen Strahlströme im Ringzyklotron beschleunigt werden konnten, musste dessen Hochfrequenzsystem ausgebaut werden. Dazu waren vorgängig Belastungsprobleme durch den Protonenstrahl in den Regelkreisen zu lösen. Danach konnte der Neubau der vier Hochfrequenz-Leistungsstufen (je 1 Megawatt) sowie der Elemente für die Strahlauslenkung und deren Abschirmung erfolgen. Auch die Kavitäten wurden ab 1985 neu entwickelt und ersetzt. Den Kapazitätsausbau des Hochfrequenzsystems, welcher zur enormen Leistungssteigerung beitrug, meisterte der Abteilungsleiter Urs Schryber zusammen mit dem Hochfrequenzteam unter Peter Sigg bravourös, nachdem es ihm gelungen war, die Direktion zur Freigabe der erheblichen finanziellen Mittel zu bewegen.

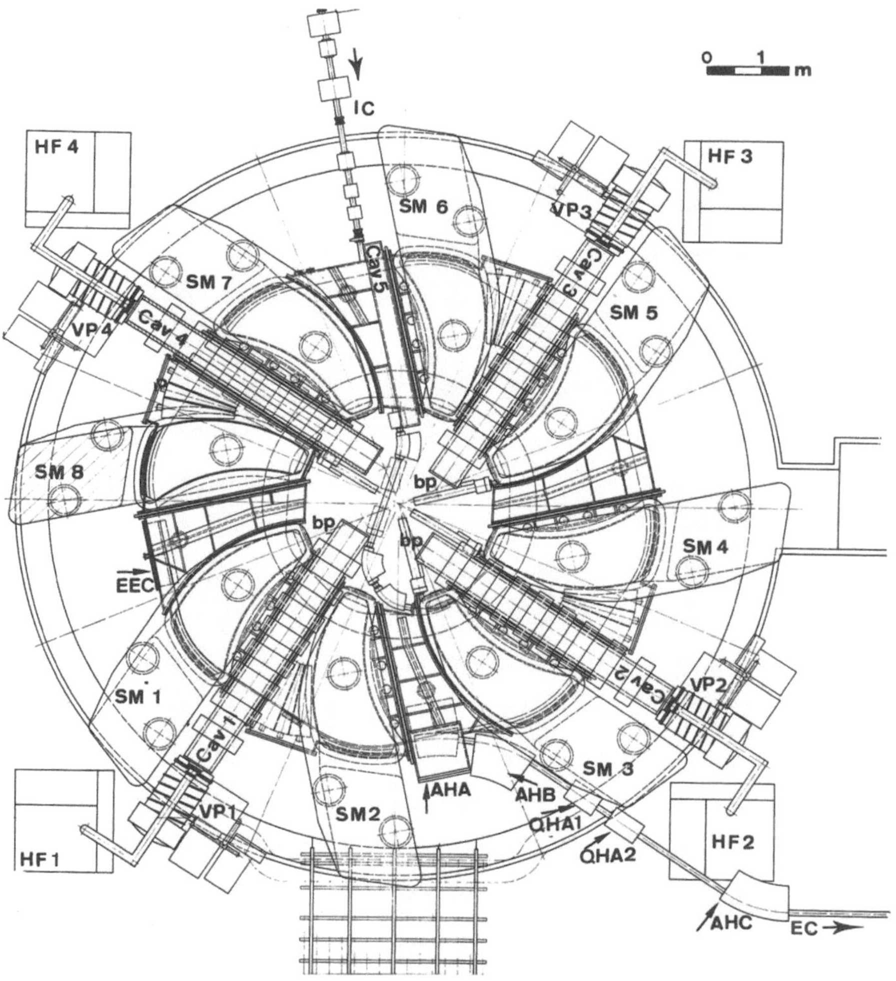

Bild 47: Ringbeschleuniger 1979: IC = Injektionskanal vom Injektor II her, SM= 8 Sektormagnete, Cav = 5 Kavitäten (inkl. Flattop), HF = Endstufen der Hochfrequenzgeneratoren, VP = Vakuumpumpen, EEC = Extraktionskanal der 590 MeV-Protonen, AH = Ablenk-(Extraktions-)Magnete, QHA = Quadrupolmagnete.

Insgesamt war der Hochstromausbau mit 24 Millionen Franken budgetiert, nicht inbegriffen die neuen Kupferkavitäten, welche zusätzlich rund 20 Millionen Franken kosteten.

1985 erfolgte der erste Schritt zum Hochstromausbau. Projektleiter für Strahlführung und Targets war Erich Steiner. Das Target M wurde erfolgreich umgebaut. Dabei wurde die alte Station entfernt und die neue, vormontierte Station eingesetzt. Dies war eine anspruchsvolle Aufgabe, nicht zuletzt, weil nach zehnjährigem Betrieb viele Komponenten so stark radioaktiv waren, dass nur ausgeklügelte Arbeitsmethoden zum Ziel führten. Damit war es möglich, 1 Milliampere aus dem Injektor II zu extrahieren und 300 Mikroampere auf das Target E zu schiessen.

Bild 48: Abbau der Targetstation M, 1985. Personal in Strahlenschutzanzügen.

Bild 49: Aufbau der weitgehend vormontierten Targetstation M

Der weitere Ausbau betraf das Target E (geplant für 1988), die Sekundärstrahlen, den Strahlfänger sowie schliesslich die Spallationsneutronenquelle. Zudem benötigten die neuen, durch den Hochstromausbau möglich gewordenen, teils aufwendigen Experimente eine Verlängerung der Experimentierhalle um 50%. Weiter war vorgesehen, anschliessend an die Experimentierhalle einen Protonenstrahl mit niederer Intensität aufzubauen, der einerseits Experimente mit polarisierten Protonen – und später Neutronen – erlaubte. Anderseits sollte er dem PIREX, einem Experiment für Strahlenschäden, dienen und eine Anlage für Krebstherapie mit Protonen ermöglichen.

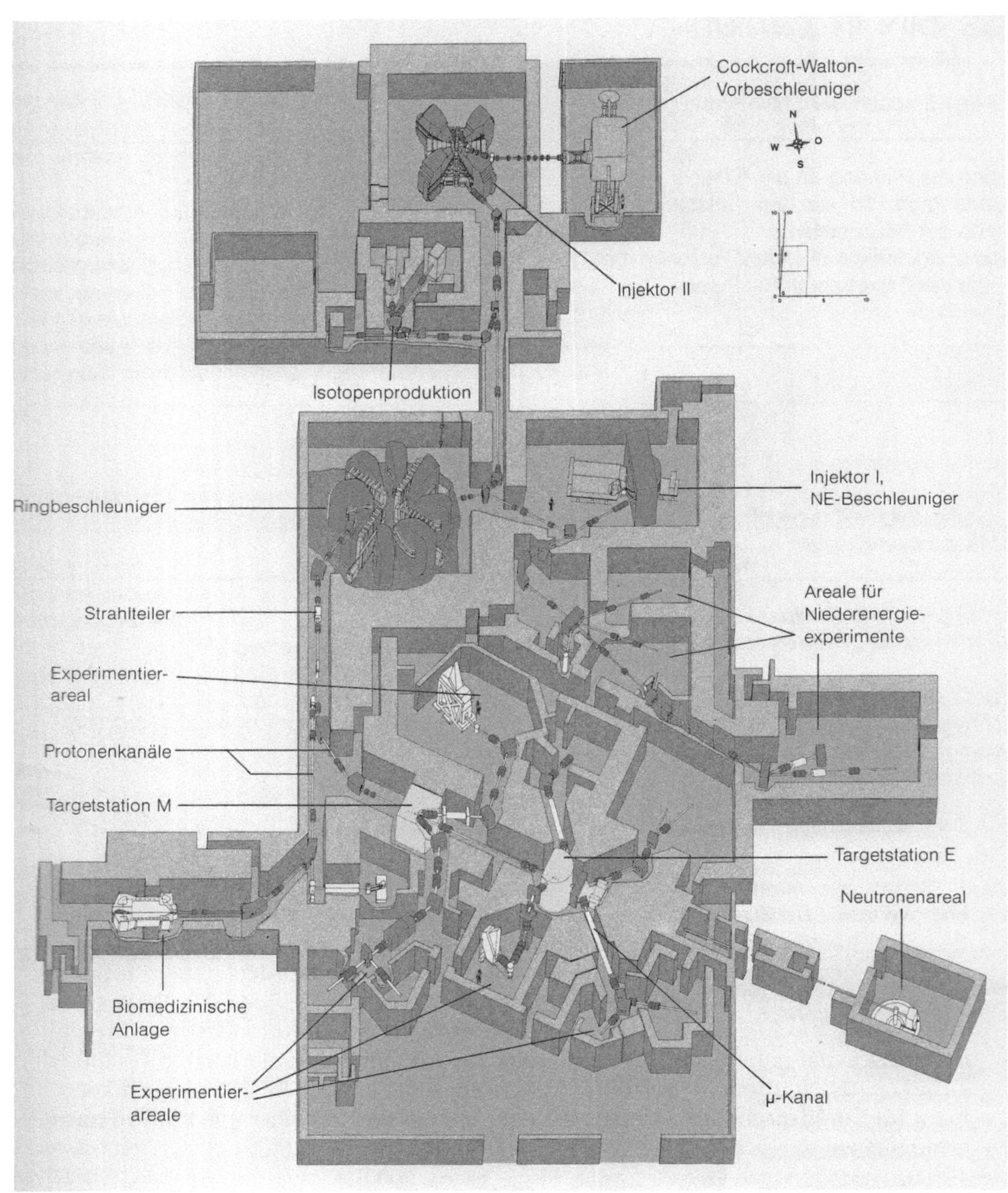

Bild 50: Plan der Experimentierhalle 1985

Diese Massnahmen wurden vor dem Übergang des SIN zum PSI begonnen, aber zum grossen Teil erst unter der Ägide des PSI verwirklicht. Die Auslegung der Experimentierhalle, wie sie 1982 für 1986 geplant war, ist im Bild weiter oben dargestellt. Aufgrund der engen Situation bei den Bundesfinanzen verzögerte sich die Hallenverlängerung. Immerhin konnten die Vorarbeiten bis Ende 1985 so weit vorangetrieben werden, dass 1986 mit dem Bau der Fundamente und der Bodenplatte begonnen werden konnte. Der Bezug war auf Frühling 1987 geplant.

Bild 51: Das SIN-Areal 1984 mit dem neuen Zentralgebäude (links)

Meilensteine der Beschleunigeranlagen des SIN

1939   *Inbetriebnahme des ETH-Zyklotrons unter Paul Scherrer*
1958   *Paul Scherrer gründet die Zyklotronplanungsgruppe an der ETH*
1962   *Jean-Pierre Blaser, der Nachfolger von Scherrer, setzt neu als Ziel eine „Mesonenfabrik" mit 500 MeV-Protonen und einem Strahlstrom von 100 Mikroampere. Hans Willax lanciert die Idee eines Ringzyklotrons.*
1964   *Internationale Experten äussern starke Zweifel an der ambitiösen Zielsetzung.*

Inländische Wissenschafter opponieren wegen der Kosten. Das Projekt wird jedoch unterstützt von Bundesrat Tschudi, Schulratspräsident Pallmann sowie vom Wissenschaftsrat.

1965   *Die eidgenössischen Räte bewilligen einen Kredit von 92.5 Millionen Franken für das Projekt.*

ab 1965 *Test von 1:1 Modellen der Sektormagnete und der Hochfrequenzkavitäten auf dem Areal der MFO in Oerlikon.*

1968   *Gründung des SIN als Annexanstalt der ETH.*
         Vertrag mit Philips zum Bau des Injektorzyklotrons (Injektor I).

1969   *Baubeginn in Villigen*

1972   *Planungsbeginn für den Injektor II. Die eigenössischen Räte bewilligen einen teuerungsbedingten Zusatzkredit von 34.45 Millionen Franken.*

1973   *Am Tag der offenen Tür besichtigen rund 2500 Besucher das fertiggestellte Ringzyklotron. Im August liefert der Injektor I erstmals Protonen.*

1974   *Am 18. Januar werden 590 MeV-Protonen aus dem Ringzyklotron extrahiert, am 24. Februar werden die ersten Pionen im Target erzeugt.*
         Im Sommer beginnen die Experimente mit Pionen und Müonen. Im Oktober erfolgt die offizielle Einweihung des SIN.

1975   *Der supraleitende Müonenkanal wird in Betrieb genommen und erzeugt weltweit die intensivsten Müonenstrahlen.*

1976   *Am 21. Dezember wird das Originalziel von 100 Mikroampere aus dem Ringzyklotron erreicht.*

1978   *Die Idee einer Spallationsneutronenquelle wird an der internationalen Zyklotronkonferenz in Indiana vorgestellt.*

1984   *Der Injektor II wird in Betrieb genommen.*

1986   *Bewilligung eines Kredits von 33 Millionen Franken für die Spallationsneutronenquelle.*

7.   Die Zusammenarbeit mit den Hochschulen

Als Benützerlabor für Experimentatoren von schweizerischen, aber auch von ausländischen Hochschulen konzipiert, stellte das SIN den Experimentatoren Strahlzeit sowie technische und computermässige Infrastruktur für ihre Forschung zur Verfügung. Es hatte zu diesem Zweck ein ausführliches Handbuch in Englisch herausgegeben, welches das Leistungsangebot beschrieb. Die Experimentatoren kamen für ihre Arbeiten typisch für einen Zeitraum von drei Wochen ans SIN. Da in der Region geeignete Unterbringungsmöglichkeiten fehlten, gründete das SIN, zusammen mit interessierten Hochschulkantonen, eine Stiftung, welche ein Gästehaus baute und betrieb. Das Gebäude wurde 1974 eröffnet und in den 1980er Jahren erweitert. Für Gastwissenschafter, die mit ihren Familien für längere Aufenthalte anreisten, mietete das SIN ab 1975 in Brugg-Lauffohr einige Gästewohnungen.

Bild 52: Das industriell anmutende, unprätentiöse Empfangsbüro des SIN

Erste Anlaufstelle für die Gäste war das Empfangsbüro des SIN. Von hier aus organisierte Christine Bertsch sowohl für die Wissenschafter des SIN als auch für Gastwissenschafter unermüdlich und oft noch im letzten Augenblick Reisen und brachte es dabei fertig, sowohl auf die Wünsche der Reisenden einzugehen als auch die günstigste Variante zu finden. Frau Bertsch war hilfsbereit, aber nicht unterwürfig, und gelegentlich liess sie gegenüber einem hektisch auftretenden Forscher einen träfen Spruch fallen wie „brännts under em Füdli Herr Tokter?"

Neben der Baukommission, welche den Bau des SIN begleitete, schuf der Schulrat 1966 eine Wissenschaftliche Kommission, welche den Direktor bezüglich der Forschung beriet. Ihr gehörten an die Professoren Beat Hahn (Bern), Kurt Alder (Basel), Gerhard Backenstoss (Basel), Eugen Baumgartner (Basel), Anselm Citron (Karlsruhe), Hedi Fritz-Niggli (Zürich), Walter Hälg (ETH), Roger Hess (Genf), Wolfgang Horst (Zürich), Pierre Huguenin (Neuenburg), Willy Lindt (Freiburg), Jean Rossel (Neuenburg), Christoph Schmid (ETH), Jean-Pierre Schneeberger (EPUL), Hans H. Staub (Zürich), Gerard Wanders (Lausanne). Professor Citron kam vom Kernforschungszentrum Karlsruhe. Die übrigen Mitglieder vertraten verschiedene Fachgebiete an schweizerischen Hochschulen. Die Kommission gestaltete die Nahtstelle zwischen SIN und Hochschulen mit.

Die enge Zusammenarbeit mit den Hochschulen dokumentierte das SIN, indem in allen seinen Kommissionen und Ausschüssen Professoren von schweizerischen und internationalen Hochschulen tätig waren. Wie die Jahresberichte zeigen, war die Kommissionsstruktur sehr ausgeprägt, entsprechend dem breitgefächerten Programm des SIN.

Ab 1970, noch vor der Inbetriebnahme der SIN-Anlagen, führte das SIN zudem Tagungen durch, um die Bedürfnisse der Benützer zu ermitteln. Im Hinblick auf einen effizienten Forschungsbetrieb veranstaltete es zudem verschiedene Schulen, so 1970 eine Sommerschule über Mittelenergiepysik in Leysin und danach regelmässig sogenannte Sommerschulen in Zuoz, die jeweils einem wissenschaftlichen Gebiet gewidmet waren. Bereits 1971 führt das SIN zudem ein Symposium für Anwendungen am SIN-Beschleuniger in Medizin und Biologie durch, ausserdem das „Bürgenstock-Meeting" für Forschung in Festkörperphysik und Chemie mit Müonen. Beide Male hatte das SIN internationale Experten auf den entsprechenden Fachgebieten eingeladen. Mit diesen Anlässen beeinflusste das Institut die schweizerische Wissenschaftspolitik, indem es, aufgrund der Möglichkeiten, die seine Anlagen boten, neue Forschungsgebiete in der Schweiz initiierte. Das Bürgenstock-Meeting wirkte übrigens nach. Dabei war nämlich auch Alex Müller, der später mit dem Nobelpreis ausgezeichnet wurde. Dieser wies in den 1990er Jahren wiederholt darauf hin, dass für das geplante SLS-Projekt des PSI ein ähnliches Meeting organisiert werden sollte. Das geschah dann 1995 in Giessbach.

Als die Anlagen 1974 in Betrieb gingen und die Experimentatoren ihre Forschungen mit den am SIN verfügbaren Teilchen (vor allem Pionen, Protonen, Müonen, Neutronen) aufnehmen konnten, schuf die SIN-Direktion das Organ der Benützerversammlung. Darin waren alle interessierten Forscher vertreten. Es gab je ein Gremium für die Experimente am Ringzyklotron, am Injektor I und in Bezug auf die Anwendungen in Biologie und Medizin. Bemerkenswert ist, dass bereits bei der Konzipierung der Anlagen das Forschungsspektrum deutlich über die Teilchenphysik hinausging. Zweck dieses Organs war die Meinungsbildung über die eingereichten Vorschläge. Ein kleiner Benützer-Ausschuss beurteilte die Vorschläge, setzte Prioritäten und empfahl dem Programmkomitee, welchen Vorhaben Strahlzeit und weitere Ressourcen zugeteilt werden sollten. Den Vorsitz des Programmkomitees hatte der Direktor des SIN, Jean-Pierre Blaser, inne. Letztlich entschied somit die SIN-Direktion über Programm und Einsatz der Mittel, wie es auch ihrer Aufgabe entsprach.

1984, mit der Inbetriebnahme des Injektors II, wurde die Benützerorganisation neu strukturiert. Neu gab es eine vereinigte Benützerversammlung mit den zwei Untergruppen „Zyklotron und Niederenergie" sowie „Kondensierte Materie und Chemie". Für die Zielsetzung des SIN insgesamt setzte die Direktion im selben Jahr einen Zielsetzungsausschuss ein. Dieser scheint kaum weitreichende Wirkung erzielt zu haben, was sich damit erklären lässt, dass der Schweizerische Schulrat angefangen hatte, zusammen mit den Direktionen über die Zukunft von SIN und EIR nachzudenken.

Bild 53: Das 1984 eingeweihte Zentralgebäude mit Auditorium und Bibliothek wurde zur Begegnungsstätte für Experimentatoren und SIN-Personal. In seiner Eingangshalle hängt ein Kunstwerk des Baslers Beni Schweizer.

Die engste Zusammenarbeit mit Hochschulen betraf naturgemäss die ETH Zürich. Anfangs der 1970er Jahre vereinbarten ETH und SIN, dass das ETH-Labor für Hochenergiephysik (LHE) beim SIN angesiedelt wurde. Das entsprach der Idee, dass das

SIN für die Hochenergieexperimente an internationalen Zentren wie dem CERN die Rolle eines Basislabors übernahm. Mittels einer Vereinbarung wurde die Zusammenarbeit zwischen SIN und LHE 1973 formell geregelt. In den 1980er Jahren wurde die Teilchenphysik der ETH neu strukturiert. Die Hochenergiephysiker waren nun an der ETH domiziliert, während am SIN das Institut für Mittelenergiephysik (IMP) verblieb.

Als es in einer späteren Phase um Planung und Realisierung der Spallationsneutronenquelle (SINQ) ging, war das am EIR ansässige Labor für Neutronenstreuung der ETH einer der wichtigsten Partner bei diesem SIN-Projekt.

Von Anfang an hatten ETH-Professoren leitende Funktionen am SIN. Jean-Pierre Blaser, der Gründer und Direktor des SIN, hielt bis zu seiner Pensionierung als ordentlicher Professor eine Grundlagenvorlesung in Physik an der ETH. Er war somit im Professorenkollegium voll integriert und anerkannt. Hans-Jürg Gerber, Professor am Labor für Hochenergiephysik, leitete während mehrerer Jahre die Abteilung Experimentelle Einrichtungen des SIN. Diese betreute die externen Experimentatoren, richtete ihnen die Areale ein und finanzierte zum Teil ihre Experimente. Ausserdem betrieben zwei ihrer Mitglieder, Reinhard Frosch und Claude Petitjean, selbst Forschung. Hans-Jürg Gerber war zudem wesentlich an den Entscheidungen zum Forschungsprogramm beteiligt.

Ein Instrument, das schon in den Jahren vor der Gründung des PSI zum Tragen kam, war die SIN-Professur. Anlässlich der Emeritierung von Professorin Hedi Fritz-Niggli entschied die Universität Zürich, das Institut für Radiobiologie zu schliessen. Dieses war in der Schweiz einzigartig und sowohl für die Sicherheitsbehörden als auch für die Aktivitäten des EIR in Radiochemie und Strahlenschutz wesentlich. Dem SIN erschien es unzulässig, dieses wichtige Gebiet aufzugeben. Es erklärte sich bereit, die Professur an der Universität zu finanzieren und mit dem Institut zusammenzuarbeiten. Die Universität war einverstanden. So entstand die erste SIN-Professur im Bereich der Medizin an der Universität Zürich. Das PSI setzte dieses Modell dann fort mit Professuren für Radiochemie in Bern und weiteren.

8.   Internationale Zusammenarbeit und Veranstaltungen

Weltweit gab es neben dem SIN noch zwei Mesonenfabriken: LAMPF in Los Alamos (USA) und TRIUMF in Vancouver (Kanada). Mit beiden Schwesterinstituten war die Zusammenarbeit von Anfang an gut. Wiewohl Rivalen, wenn es um Rekordzahlen bei Strahlintensität und Anlagenverfügbarkeit ging, begegneten sich die Institute mit gegenseitigem Respekt und „verkehrten auf derselben Augenhöhe". Wenn die Frage auftauchte, wie ein Schwesterinstitut ein bestimmtes Problem löste, gab dieses bereitwillig Auskunft. Speziell förderten alle den Austausch von Maschinenspezialisten. Nicht mehr als anekdotische Bedeutung besass dabei der Umstand, dass die Vorfahren des vierten Direktors des TRIUMF, Eric Vogt, ursprünglich aus Villigen stammten.

Auch mit dem CERN war die Zusammenarbeit von Anfang an eng. Verschiedene Schlüsselpersonen, die später zum Erfolg des SIN beitrugen, hatten am CERN dissertiert oder wissenschaftlich gearbeitet. Für die Lösung vieler Probleme, die sich beim Aufbau des SIN ergaben, fungierte das CERN als Lehrmeister, Vorbild oder Muster, allerdings manchmal auch als „big brother". Wenn auch beim CERN andere Ziele verfolgt wurden als beim SIN, hatten doch beide Institutionen die Absicht, vielen Benützergruppen ihre Anlagen für Forschungsprojekte hoher Qualität zur Verfügung zu stellen.

Die Probleme, bei welchen das SIN vom CERN profitierte, waren technischer, administrativer und wissenschaftlicher Art. Die Formen der Zusammenarbeit waren von Fall zu Fall verschieden. CERN-Fachleute berieten die SIN-Kollegen und stellten ihnen Dokumente zur Verfügung. Besonders wertvoll war die Beratung hinsichtlich Planung und Kosten von Experimentierhalle und Laborgebäude. Die Teilnahme von SIN-Mitarbeitern an Abschirmungs- und Aktivierungsexperimenten erwies sich als nachhaltig, weil beim SIN diese Probleme wegen der erwarteten hohen Strahlintensität schwerwiegend auftraten. Schliesslich war für die späteren Experimente mit Pionen und Müonen die Kenntnis der Pionenproduktionsspektren wichtig, welche innerhalb einer Kollaboration CERN-Uni Genf-ETH gemessen wurden. Im Übrigen beteiligten sich CERN-Gruppen auch an Kollaborationen, die am SIN experimentierten.

Da das SIN sich in erster Linie der Grundlagenwissenschaft verpflichtet fühlte und dabei eine Kultur der Öffnung vertrat, hatte es keine Berührungsängste mit Wissenschaftern aus dem Ostblock. Beiträge hoher Qualität waren auch von dort willkommen, und mit dem Ostblock-Pendant des CERN, dem Joint Institute for Nuclear Research in Dubna, entwickelte sich eine Zusammenarbeit.

Diese war in der Sowjetzeit aus politischen Gründen nicht ganz einfach und natürlich weniger intensiv als mit westlichen Instituten. Da das SIN aber die gebende

Seite war, konnte es Bedingungen stellen, und oft gelang es, Wissenschafter einzuladen, welche politisch in der Sowjetunion in Ungnade gefallen waren, so einen hervorragenden Physiker, der, anekdotisch, im Vorwort zu seinem Lehrbuch vergessen hatte, die grosse Rolle Lenins für die theoretische Physik hervorzuheben.

Etwa gleichzeitig mit der Schweiz interessierte sich auch die Bundesrepublik Deutschland für den Bau einer Mesonenfabrik. Hier stand allerdings ein Linac im Vordergrund. Da die Schweiz zeitlich im Vorsprung war und beim deutschen Maschinenkonzept die veranschlagten Kosten laufend stiegen, entschied die BRD, auf eine eigene Maschine zu verzichten und sich beim SIN „einzukaufen". 1972 wurde ein Vertrag abgeschlossen, der den deutschen Forschern einen unkomplizierten Zugang zum SIN erlaubte und der erst nach der Gründung des PSI aufgelöst wurde. Die BRD zahlte jährlich anfänglich rund 2.5 Millionen Franken, wobei sich der Betrag parallel mit der Zahl deutscher Nutzer später auf über 5 Millionen Franken erhöhte. Es wurde ein Verbindungsausschuss gebildet, der den jährlichen Beitrag festlegte und darüber wachte, dass der Vertrag im vernünftigen Rahmen eingehalten wurde. Die Stimmung in diesem Ausschuss war stets freundschaftlich, auch wenn es immer wieder divergierende Interessen gab. Im Ausschuss vertreten waren auf deutscher Seite Professor Anselm Citron von der Universität Karlsruhe, der jeweils zuständige Ministerialrat im Bundesministerium für Forschung und Technologie sowie zwei Vertreter der Verwaltung des Kernforschungsinstituts Karlsruhe; auf schweizerischer Seite Jean-Pierre Blaser und Wilfred Hirt von der Direktion des SIN, der Wissenschaftliche Berater für die Annexanstalten des Schweizerischen Schulrats sowie ein Vertreter des Bundesamts für Wissenschaft und Forschung.

Ein ähnlicher Vertrag wurde mit der Österreichischen Akademie der Wissenschaften abgeschlossen, wobei sich hier der jährliche Beitrag auf 50'000 Franken belief.

Oft wird ein Institut mit der Durchführung einer prestigeträchtigen Fachkonferenz betraut, wenn es in diesem Fachbereich führend ist. Die Veranstaltung ist zwar aufwendig, aber sie zeugt von der Ausstrahlung und der Anerkennung in Fachkreisen. Auch das SIN wurde eingeladen, solche Konferenzen abzuhalten. Die wichtigsten waren:

- Die „7th International Conference on Cyclotrons", 1975 in Zürich mit rund 230 Teilnehmern aus 21 Ländern; diese organisierte das SIN mit Unterstützung der ETH und des CERN. Das Treffen war dem weltweiten Stand der Entwicklung und der Anwendung von Zyklotronen gewidmet. Das SIN konnte, anderthalb Jahre nach dem ersten Strahl auf Target, bereits den erfolgreichen Betrieb seiner Mesonenfabrik aufzeigen.

- Die „7th International Conference on High Energy Physics", 1977 in Zürich mit rund 500 Teilnehmern aus 23 Ländern. Themen waren die Struktur der Atomkerne, besonders wie sie mit Mesonen erforscht werden konnte, sowie fundamentale Fragen über Elementarteilchen.

- Das „Internationale Symposium über Spallationsneutronenquellen", 1978 in Villigen; dieses organisierte das SIN zusammen mit dem ETH-Institut für Reaktortechnik, das die Forschung mit Neutronenstreuung am EIR betrieb. Neben der Anwendung der Neutronenstreuung befasste sich das Symposium mit neuen Neutronenquellen.

- Die „9th International Conference on Magnet Technology", 1985 am SIN. Grundlage hierfür war das in den vergangenen Jahren aufgebaute Expertenwissen im Bereich der supraleitenden Magnete.

Bild 54: Zyklotronkonferenz 1975, von links Jean-Pierre Blaser, Hans Frei, Werner Joho und M. Stanley Livingston vor dem Magneten des Ringbeschleunigers

Die nicht endende Rede von M. Stanley Livingston

An der „7th International Conference on Cyclotrons" war M. Stanley Livingston eingeladen, am Bankett die Tischrede zu halten. Livingston hatte unter E. O. Lawrence 1931 das erste Zyklotron in Berkeley gebaut und sprach über die Geschichte des Zyklotrons. Leider gaben ihm die Organisatoren keine Zeitlimite für seine Rede. Nach einer Stunde begannen französische Teilnehmer im hinteren Teil des Saals, Lieder anzustimmen. Nach eineinviertel Stunden musste Livingston fast mit Gewalt vom Podium heruntergeholt werden. Bleibt noch anzumerken, dass M. Stanley Livingston auf Vorschlag von Werner Joho und Urs Schryber eingeladen worden war. Dabei passierte Direktor Blaser das Missgeschick, dass er zuerst einen Halbbruder von Stanley, Robert S. Livingston, der an einem Zyklotron am Oak Ridge National Laboratory arbeitete, einlud und ihn später wieder ausladen musste. Nach der Konferenz waren sich Joho und Schryber einig, dass Blaser wahrscheinlich den „besseren" Redner eingeladen hatte.

9. Neue Forschungsrichtungen

9.1 Einleitung

Dank des Potenzials der Maschinen, der unternehmerischen Vision und der Freiheit beim Einsatz der eigenen Mittel besass das SIN die Möglichkeit, Weichenstellungen zu neuen Forschungsrichtungen vorzunehmen. Diese Freiheit ist eine Errungenschaft des ETH-Bereichs. Sie ist international nicht üblich, weil die staatlichen Verwaltungen den Instituten lieber Geld für Forschungsprojekte geben, die von ihnen gesteuert werden und oft politisch begründet sind. Auch in der Schweiz wird die Freiheit manchmal infrage gestellt. Sie ist aber gerechtfertigt, weil kaum Fälle vorkommen, wo sie für persönliche Zwecke ausgenutzt wird.

Die nachfolgende Zusammenstellung zeigt, wie diese Weichenstellungen aufkamen und dann meistens in der Form von Grossprojekten zielgerichtet verwirklicht wurden.

9.2 Teilchentherapie des Krebses

Schon kurz nach der Entdeckung der Röntgenstrahlen wurden diese zur Strahlentherapie von Krebstumoren angewendet. Nach dem Krieg gestatteten dann die neu entwickelten Linearbeschleuniger den Einsatz von Elektronenstrahlen, die bereits eine verbesserte Dosisverteilung im Tumor als die Röntgenstrahlen ermöglichten. Da aber Elektronenstrahlen beim Eindringen in den Körper – wie Röntgenstrahlen – graduell absorbiert werden und damit am meisten Energie im vor dem Tumor liegenden gesunden Gewebe deponieren, versuchte man es mit schwereren Teilchen wie Protonen, welche die grösste biologische Wirkung am Ende ihrer Bahn entfalten (das Phänomen heisst „Bragg Peak") und somit eine viel schärfere Fokussierung der Strahlendosis auf den Tumorbereich erlauben sollten. Zusätzlich ergab sich aus der radiobiologischen Forschung, dass schwerere Teilchen eine wesentlich stärkere Wirkung entfalten als Elektronen: Ihre relative biologische Wirksamkeit (RBW) ist höher. Das war der Grund, warum am SIN die Pionen-Therapie entwickelt wurde. Nach dem Abbremsen werden nämlich negative Pi-Mesonen im Gewebe von Atomkernen absorbiert, die sozusagen explodieren. Dabei werden schwere Teilchen, beispielsweise Alphateilchen, ausgesandt. Diese entfalten lokal eine starke radiobiologische Wirkung und somit Schädigung des Tumors.

a) Die Augentherapie OPTIS

Eine früh erkannte Anwendung der Teilchentherapie am SIN war die Behandlung des okularen Melanoms mit Protonen. Dabei handelt es sich um einen ziemlich seltenen, aber sehr schwierigen Tumor mit starker Metastasierung, bei dem meistens das Auge entfernt werden musste. Erstmals 1975 wurden in den USA am Harvard

Cyclotron Augenmelanome behandelt. Die Methode erwies sich als erfolgreich. Es waren allerdings nicht Ophthalmologen, die in der Schweiz auf diese Methode aufmerksam wurden, sondern Charles Perret vom SIN. Dieser junge Physiker war beim Aufbau der Experimentieranlage für Konzept und Aufbau der Abschirmungen verantwortlich, was angesichts der Grösse der Anlage selbst ein grosses Projekt darstellte. Dazu gehörte auch die Entwicklung der Strahlenschutz-Massnahmen am SIN. Anlässlich einer Tagung, bei der auch das Harvardprojekt erwähnt wurde, gelang es Perret, das Interesse der Lausanner Ophthalmologen um Professor Leonidas Zografos vom Hôpital Jules Gonin zu wecken. Dieser sollte in einem gemeinsamen Projekt den medizinischen Teil übernehmen.

Die Zusammenarbeit entwickelte sich sehr gut, und Perret baute 1983 die Bestrahlungseinrichtung OPTIS (Ophtalmological Proton Therapy Installation SIN). Er verwendete dazu einen Teil des Protonenstrahls aus dem Injektorzyklotron I. Dieses liefert Protonen mit 72 MeV, und das ist gerade die richtige Energie, um die Grösse des Augapfels zu durchdringen und auf der Netzhaut beim Tumor zu stoppen. Bei der Entwicklung der Anlage konnte Perret dank des hochstehenden technologischen Know-hows am SIN wesentliche Neuerungen einbringen, die später von Harvard übernommen wurden.

Bild 55: OPTIS-Anlage. Bei der Bestrahlung des Augenmelanoms muss der Kopf präzise fixiert werden.

Im Jahr 1984 begann das SIN mit der Bestrahlung von Patienten. Das für Europa völlig neue Projekt fand international starke Beachtung und führte zu einer grossen Zahl von ausländischen Patienten, besonders aus Italien. Auf konstruktive und unkomplizierte Art halfen die Schweizerische Krebsliga, das Bundesamt für Gesundheit und die Krankenkassen, die ungewohnten administrativen Fragen bei der Kostenübernahme dieser Therapie zu lösen. Die Einnahmen wuchsen dementsprechend, und sie stellten eine willkommene Aufstockung des Forschungsbudgets des SIN-Medizinprogramms dar.

Bis Ende 2010 wurden rund 5500 Patienten bestrahlt (ab 1988 am PSI). In mehr als 98% der Fälle konnte das Tumorwachstum definitiv gestoppt werden, oder der Tumor wurde zum Verschwinden gebracht. In 90% der Fälle konnte das tumorkranke Auge gerettet werden. Aufgrund dieses Erfolgs wurde die Anlage an verschiedenen Kliniken in Europa nachgebaut.

b) Krebstherapie mit dem Piotron

Das oben erwähnte Potenzial der Pionen für die Radiotherapie führte an der Stanford University (USA) zu einem Projekt, bei dem Pionen mit einem Elektronenbeschleuniger hätten erzeugt werden sollen. Dieses Konzept erwies sich jedoch als mangelhaft, und die Anlage wurde nie gebaut. Hingegen richtete die Mesonenfabrik LAMPF in Los Alamos eine Therapieanlage ein, an der weltweit erstmals Patienten mit einem Pionenstrahl behandelt wurden. Auch am TRIUMF entstand eine solche Anlage. Beides waren Einzelstrahleinrichtungen

Am SIN, das später als das LAMPF in Betrieb ging, hatte Jean-Pierre Blaser von Anfang an eine Pionentherapie vorgesehen. Im Pionenareal drei des Targets E war zu diesem Zweck ein Sekundärstrahl eingerichtet worden, der Pionen nach unten richtete. Da mit einem einzelnen festen Pionenstrahl jedoch die gewünschte Konzentration auf den Tumor nicht optimal zu erreichen ist, wurde viel über andere Bestrahlungskonzepte nachgedacht. Dabei kam der Physiker Georg Vecsey, der die Supraleitertechnologie am SIN auf ein Spitzenniveau gebracht hatte, auf den genialen Vorschlag des sogenannten „Piotrons". Seine Idee war, eine grosse Zahl von einzelnen Pionenstrahlen aus allen Richtungen auf den Tumor zu konzentrieren. Technisch war dies aber nur mit supraleitenden Magneten möglich, und diese mussten erst entwickelt werden. Wie oft beschritt das SIN hierbei einen riskanten Weg, indem es Neuland betrat.

Für die Abtastung des Tumors sah Vecsey ein „Smoke-Ring-Scanning" vor, eine ringförmige Dosisverteilung, bei der die Reichweite der Pionen durch Änderung ihrer Strahlenergie gesteuert wird. Diese Methode hatte jedoch verschiedene Nachteile, wie Eros Pedroni mittels Computerrechnungen bei der Entwicklung der Therapieplanung erkannte. Zur Hauptsache stellte es sich als extrem schwierig heraus, mit dem vorgeschlagenen Verfahren eine homogene Bestrahlung des Tumors zu erreichen.

Mit der Entwicklung der Bestrahlungsmethode befasste sich die Gruppe um den Spezialisten für Abschirmungen, Charles Perret. Eros Pedroni, ursprünglich ein Teilchenphysiker mit vertieften Kenntnissen in Technik und Informatik, schlug hierzu eine Methode für dreidimensionales Scanning des Tumors mit einem Bleistiftstrahl vor. Er nannte dies „Spot Scanning". Dabei wurde der Brennpunkt der sechzig Teilstrahlen des Piotrons innerhalb des Tumors so bewegt, dass dieser mit voller Dosis gleichmässig bestrahlt und das umliegende gesunde Gewebe optimal geschont wurde. Ein einfacher Wasserbolus ermöglichte eine gute Konformität der Strahlungsverteilung und somit der biologischen Wirksamkeit bei vernünftigen Bestrahlungszeiten von fünfzehn bis dreissig Minuten. Anstelle des Bestrahlungssystems wurde allerdings der auf einem Tisch befestigte Patient bewegt.

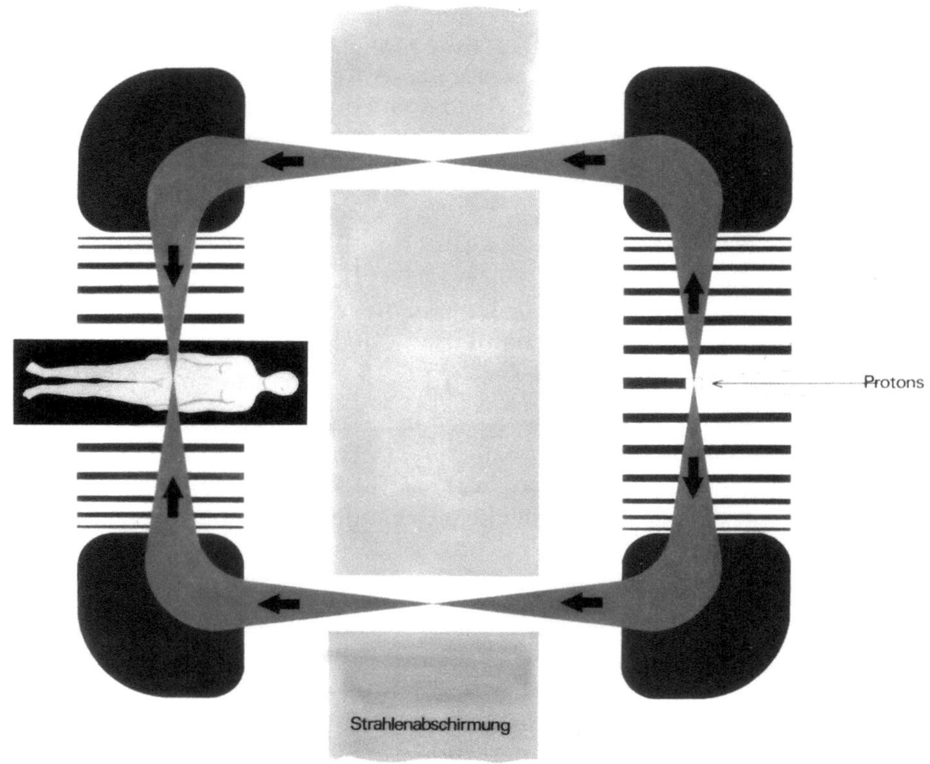

Bild 56: Piotron-Schema: Mittelebene mit Protonenstrahl. Die Pionen werden durch zwei aufeinander folgende Spulen auf die Patientenliege gelenkt.

Die spätere Realisierung bestätigte die Gültigkeit des Konzepts sowohl in technischer als auch in medizinischer Hinsicht. Die dreidimensionale Spot-Scan-Technik beeindruckte die Ärzte. Dies war vermutlich das erste System, welches dreidimensional und basierend auf einer computertomografischen Abbildung des Tumors funktionierte. Es wurde fünfzehn Jahre später an Kliniken auch für Photonen erfolgreich angewandt.

Viel mehr als bei OPTIS, wo die Patienten weitgehend mobil waren, erforderte die Pionentherapie klinische Strukturen. Das war innerhalb einer grosstechnischen Physik-Forschungsanlage nicht trivial. Insbesondere brauchte es einen lokalen medizinischen Leiter, der die radiotherapeutische Verantwortung für die neuartigen klinischen Behandlungen übernehmen konnte.

Bei vielen Besprechungen, welche die SIN-Direktion mit den radiotherapeutischen Kliniken an den Schweizer Universitätsspitälern führte, zeigten diese zwar Interesse, aber niemand schien bereit zu sein, eine Führungsrolle zu übernehmen. Daher wurde die Stelle des leitenden Arztes für das Pionentherapieprojekt am SIN international ausgeschrieben. Interessanterweise gab es keine einzige Bewerbung aus der Schweiz, auch keine aus Europa, dafür drei aus den USA, und zwar alle auf dem Niveau von Vollprofessuren. Gewählt wurde Carl von Essen, der ursprünglich aus Schweden stammte und über grosse internationale Erfahrung in der Radiotherapie verfügte.

In der Schweiz gab es trotzdem grosse Unterstützung für das Projekt. Der Aufbau eines klinischen Betriebs am SIN setzte in rechtlicher Hinsicht die Zustimmung des Bundesamts für Gesundheit und des Kantons Aargau voraus. Eine sehr erfreuliche Zusammenarbeit bot auch das Spital Brugg an. All diese Hilfestellungen erfolgten in unbürokratischer und unkomplizierter Weise.

Von ganz grosser Bedeutung war die Unterstützung durch die Schweizerische Krebsliga. Als es darum ging, ein medizinisches Hilfsgebäude für die Piotronanlage zu bauen, ergaben sich Schwierigkeiten. Zwar konnte das SIN aus seinem Forschungskredit die Anlage bauen, aber kein Gebäude. Da sprang auf eigene Initiative die Krebsliga ein und stiftete – aus Spendengeldern – die beachtliche Summe von 2 Millionen Franken.

Dabei gab es ein Hindernis: Nach den Vorschriften des Bundes war es dem Direktor des SIN formell nicht gestattet, die Schenkung der Krebsliga anzunehmen. Hierzu war ein Beschluss des Schweizerischen Schulrates erforderlich. An die entsprechende Sitzung wurde der damalige Präsident der Krebsliga eingeladen, Athos Gallino, ein Radiotherapeut aus dem Tessin und zudem Stadtpräsident von Bellinzona. ETH-Präsident Ursprung – bekannt für seine scharfsinnigen entlarvenden Bemerkungen – wunderte sich über die Vorschriften, nach denen der Direktor des SIN in eigener Verantwortung für die Anlage 10 Millionen Franken aus seinem Forschungskredit

einsetzen konnte, aber den Schulrat fragen müsse, ob er ein Geschenk der Krebsliga
für das Gebäude überhaupt annehmen dürfe.

In dieser Sitzung gab es aber noch einen interessanten Wortwechsel. Schulrat Guy
Waldvogel, ein hochrangiger Direktor der chemischen Industrie, äusserte sich negativ zur Schenkung der Krebsliga und warf grundsätzliche Fragen zum Projekt
auf. Er fand, solch aufwendige, grosstechnische medizinische Einrichtungen seien
nicht der richtige Weg bei der Krebsbekämpfung. Man müsse vielmehr auf Prävention setzten. Da er bei diesen Ausführungen ständig rauchte, entgegnete ihm Gallino
spitz, er demonstriere doch gerade, wie schwierig eben die Prävention sei. Das be-
endete die Diskussion.

1975 wurde der Bau des Piotrons in die Wege geleitet. 1976 gelang die Abtrennung
eines Teil-Protonenstrahls zum Piotronareal. Angesichts der hohen Leistung im
Hauptprotonenstrahl war dies eine anspruchsvolle Aufgabe. Aber sie war wichtig,
weil vorher die medizinische Anlage in Konkurrenz zu den physikalischen Experimenten betrieben werden musste. 1977 stand das gestiftete Piotrongebäude im Roh-
bau da. 1978 wurde es bezogen, und die Projektanten konnten mit der Errichtung
der Anlage am Einsatzort beginnen. Gleichzeitig nahmen die SIN-Mediziner die
Therapieplanung auf, und im Organigramm erschien neu das Ressort „Medizin".

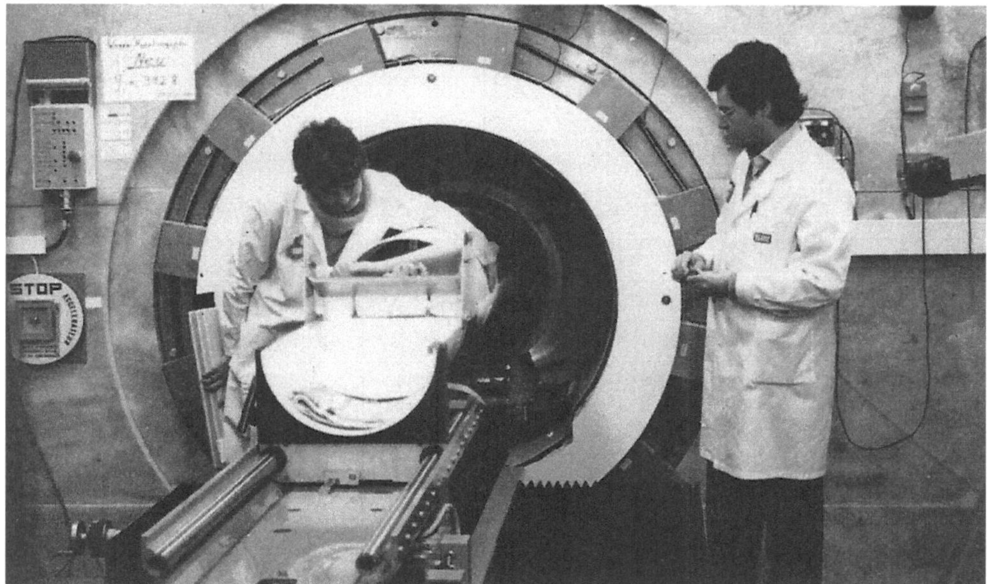

Bild 57: Piotron. Ein Patient in seiner individuellen Liege wird im Piotron positioniert.

Das Pionentherapie-Projekt des SIN entwickelte sich zu einem wichtigen Vorhaben, das auch grosses Interesse bei der Öffentlichkeit weckte und international sehr

beachtet wurde. 1982 lief die klinische Behandlung von Patienten „erstaunlich reibungslos" – wie der Direktor im Jahresbericht schrieb – an. 1984 zeigte sie erste Erfolge.

Eine umfassende Beurteilung der Pionentherapie war in der Spezialnummer der PSI Hauszeitung Spektrum, „25 Jahre Ringzyklotron am Paul Scherrer Institut", zu lesen:

„Etwas mehr als 500 Patienten wurden bis 1992 mit dem Piotron behandelt. Einige Resultate waren Erfolg versprechend: hauptsächlich die Behandlung von grossen Sarkomen im Unterleib. Es gab aber auch Rückschläge. Bei Blasentumoren zeigten sich erst einige Jahre nach der Behandlung unerwartete späte Komplikationen. Gegen Glioblastome (Hirntumore) und Bauchspeicheldrüsentumore war auch die zerstörerische Wirkung der Pionen machtlos. Im Nachhinein haben sich Pionen nicht als das magische Mittel herausgestellt, wie man es sich gerne gewünscht hätte. Die höhere Wirksamkeit des Dosispeaks produziert nämlich neben der Zerstörung der Tumorzellen auch unwiderrufliche Schädigungen des gesunden Gewebes im Tumorbett."

Eine leitende Ärztin am SIN, Gudrun Goitein-Kappel, hatte erkannt, dass die Neutronen, welche beim Einfang der Pionen in den Atomkernen im Tumor ebenfalls freigesetzt werden, eine zusätzliche, erhebliche und räumlich verbreitete Strahlendosis erzeugen, welche die Präzision der verabreichten Dosisverteilung beeinträchtigte. Dies war mit ein Grund, um anstelle von Pionen Protonen zu verwenden.

Da zudem am Piotron technische Störungen auftraten, deren Reparatur zu aufwendig gewesen wäre, wurde das Pionentherapie-Projekt am SIN einige Jahre früher als geplant beendet.

Der Nutzen des Pionentherapie-Projekts lag schliesslich weniger in umfassender Therapie als darin, dass damit die Technik des Spot-Scanning erstmals entwickelt werden konnte. Sie wurde eine Grundlage für die Nachfolgeprojekte der Teilchentherapie am PSI und weltweit.

c) Die Protonentherapie

Die Initianten der Pionentherapie waren sich stets bewusst gewesen, dass in einem Spital eine Therapieeinrichtung mit einem grossen und aufwendigen Beschleuniger, wie er für die Pionenerzeugung nötig war, niemals infrage kommt.

Im Gegensatz dazu waren Protonen durchaus denkbar. Prinzipiell kann auch mit Protonen eine gute Konzentration mittels Spot-Scanning erzeugt werden, natürlich ohne die bei der Pionenabsorption erzeugte starke lokale Dosis, die sich allerdings, wie oben erwähnt, auch nachteilig auswirken konnte.

Daher setzte sich das SIN zum Ziel, mit Protonen eine Bestrahlungsanlage auf der

Basis des Spot-Scanning zu entwickeln. Da für Tumore im Körperinnern Protonenenergien bis 250 MeV nötig sind, konnten die Projektanten nicht wie bei OPTIS den Protonenstrahl aus dem Injektor I verwenden, sondern es kam der Protonenstrahl des Ringzyklotron zum Einsatz. Das hatte zur Folge, dass die ersten, für das Projekt durchgeführten Tests das Physikprogramm am Ringzyklotron beeinträchtigten. Hierzu konnte ein Einvernehmen gefunden werden. Hingegen waren die technischen Herausforderungen erheblich. Sie konnte ein Team unter der Leitung von Eros Pedroni meistern. Zwar wurde die Strahlführung für die Protonentherapie am SIN bereits 1984 konzipiert. Realisiert wurde die Protonentherapieanlage jedoch erst am PSI. Auch sie hat eine starke internationale Ausstrahlung.

9.3 *PET*

Möglichst genau Bilder aus dem Innern des menschlichen Körpers zu erhalten, um – ohne diesen zu öffnen – allfällige Krankheiten zu diagnostizieren, war seit der Entdeckung der Röntgenstrahlen ein Anliegen der Medizin. Ende der 1970er Jahre waren in den USA erste erfolgreiche Versuche mit der „Positron Emission Tomography (PET)" gemacht worden. Dazu werden radioaktive Elemente, die beim Zerfall ein Positron aussenden (es handelt sich um sogenannte Beta-Zerfälle von neutronenarmen Kernen), in biochemische Substanzen eingebaut, die dann im Organismus an einer gewünschten Organstelle andocken. Findet ein solcher Zerfall statt, annihiliert das Positron augenblicklich mit einem Elektron und emittiert zwei hochenergetische Gammastrahlen. Deren Registrierung mit Detektoren ausserhalb des Körpers erlaubt, den Ort der Emission im Körper genau zu bestimmen.

Das SIN interessierte sich früh für diese Methode, weil die für PET notwendigen, radioaktiven Isotope nicht wie üblich in Reaktoren hergestellt werden konnten, sondern nur mit einem Teilchenbeschleuniger wie beispielsweise dem Injektor-Zyklotron des SIN. 1983 führte das SIN erste Versuche mit kurzlebigen Positronstrahlern durch, und 1985 entstand daraus ein konkretes Forschungsprojekt.

Insbesondere die Isotope Kohlenstoff-11 (Halbwertszeit 20 Minuten), Stickstoff-13 (10 Minuten), Sauerstoff-15 (2.1 Minuten) sowie Fluor-18 (110 Minuten) sollten am SIN hergestellt werden. Bei den kurzen Halbwertszeiten mussten sie mit Ausnahme von Fluor direkt an Ort und Stelle angewandt werden. Bemerkenswert ist übrigens, dass es Jean-Pierre Blaser und Pierre Marmier waren, die seinerzeit am ETH-Zyklotron das damals noch kaum bekannte Fluor-18 durch eine Proton-Neutron-Reaktion aus Sauerstoff-18 hergestellt und erstmals dessen genaue Halbwertszeit bestimmt hatten.

Die vom SIN kontaktierten Nuklearmedizinischen Institute an den Universitäten in der Schweiz zeigten kein Interesse an der neuen PET-Methode. Diese war hier noch nicht bekannt, obschon sie es schon damals zu einer Platzierung auf dem Titelblatt des „Scientific American" gebracht hatte.

Hingegen hörte die Industrie von den Plänen des SIN, und die damalige Ciba-Geigy zeigte sich sehr interessiert. Sie erkannte, dass PET die Erforschung des Zugangs und der Wirkung von Medikamenten im Gehirn ermöglichte. Es wurde eine Zusammenarbeit vereinbart, und die Firma beteiligte sich zur Hälfte an den Anlagenkosten. Als Projektleiter wurde – wegen mangelnden Interesses der schweizerischen Medizininstitute – Klaus Leenders angestellt, ein Arzt aus Holland, der schon einige Erfahrung in PET hatte. 1987 wurde die PET-Anlage des SIN in Betrieb genommen.

Dass die erste PET-Anlage der Schweiz am SIN entstand, war auch dem Know-how des EIR bei der Herstellung von mit radioaktiven Isotopen markierten biochemischen Substanzen zu verdanken. Das EIR klärte die Frage, welche der kurzlebigen Isotope für den klinischen Gebrauch geeignet waren.

Im Jahr 2000 legte das PSI die PET-Anlage still, denn inzwischen hatten bereits mehrere schweizerischen Kliniken solche Anlagen mit sogenannten „Baby"-Zyklotronen aufgebaut.

9.4   Kernfusionstechnik

a) Supraleitung

Am SIN wurde die Supraleitung früh und pioniermässig angewendet. Den Anfang bildeten der Bau des supraleitenden Müonenkanals sowie der supraleitenden Spulen für das Piotron. Dank dieser Erfahrungen wurde die Gruppe von Georg Vecsey ein attraktiver Partner von internationalen Organisationen – wie der Internationalen Energie-Agentur IEA oder der EURATOM – bei der Entwicklung von supraleitenden Magneten für die Energiespeicherung sowie für die Kernfusion. Obschon seit den 1960er Jahren bei der Entwicklung der Supraleitertechnik enorme Fortschritte erzielt worden waren, stellte der Bau von supraleitenden Magneten für künftige Fusionsreaktoren für die wenigen führenden Forschungsgruppen und Industriefirmen eine eminente Herausforderung dar. Die verlangte hohe Feldstärke – an sich schon ein kritischer Parameter der Supraleitung – kombiniert mit den beträchtlichen Abmessungen – man sprach von zehn Meter hohen Magnetspulen – führte zu mechanischen Materialbelastungen, deren Beherrschung bei Betriebstemperaturen von rund minus 270 Grad Celsius eine der wichtigsten Stufen auf dem Weg zur Fusionstechnologie darstellte.

1977 sprach die IEA Georg Vecsey vom SIN die Projektleitung beim Bau einer schweizerischen Spule für das Projekt Large Coil Task (LCT) in Oak Ridge zu. Für den Bau der Spule war BBC zuständig. Insgesamt wurden für das LCT-Projekt sechs Spulen entwickelt, gebaut und in einer tokamakähnlichen Anordnung getestet. Die Testanlage und drei der Spulen lieferten die USA (General Dynamics-Convair, General Electrics, Westinghouse), je eine Spule stammte von EURATOM, Japan und der Schweiz. 1983 war die schweizerische Spule fertig gebaut, sodass sie im selben

Jahr zur Tokamak-Testanlage nach Oak Ridge verschifft werden konnte. 1986 wurde sie erfolgreich getestet. Später wurde sie, da eine Entsorgung wegen der Verzollung in den USA zu teuer gewesen wäre, ans PSI zurücktransportiert und in der Experimentierhalle ausgestellt.

Bild 58: LCT-Spule, von Oak Ridge zurück am PSI. Die Forschungsgruppe wurde inzwischen an die EPFL transferiert, daher die entsprechende Anschrift.

In Fusionsreaktoren waren die supraleitenden Magnete, wie erwähnt, hohen Belastungen ausgesetzt. 1979 baute die Gruppe von Georg Vecsey am SIN die Supraleiter-Testanlage SULTAN, die den Zweck hatte, den Einsatz der Supraleiter einerseits durch die Verwendung neuer Leitermaterialien, anderseits durch Weiterentwicklung der Kühltechnologie zu erschliessen. Für die Tests waren enorme Kühlleistungen notwendig, die den Bau einer speziellen Anlage erforderten. 1983 war die Testanlage bereit. Das 24-Tonnen schwere Magnetsystem wurde in 21 Tagen auf Helium-Temperatur (minus 269 Grad Celsius) abgekühlt und anschliessend während vier Wochen getestet. Bereits 1982 wurde die grössere Anlage SULTAN II in Angriff genommen, mitfinanziert von EURATOM und dem Nationalen Energie-Foschungs-Fonds NEFF. Für das SULTAN-Projekt und die Pionentherapie erstellte das SIN ein Mehrzweckgebäude, das 1983 in Betrieb genommen wurde.

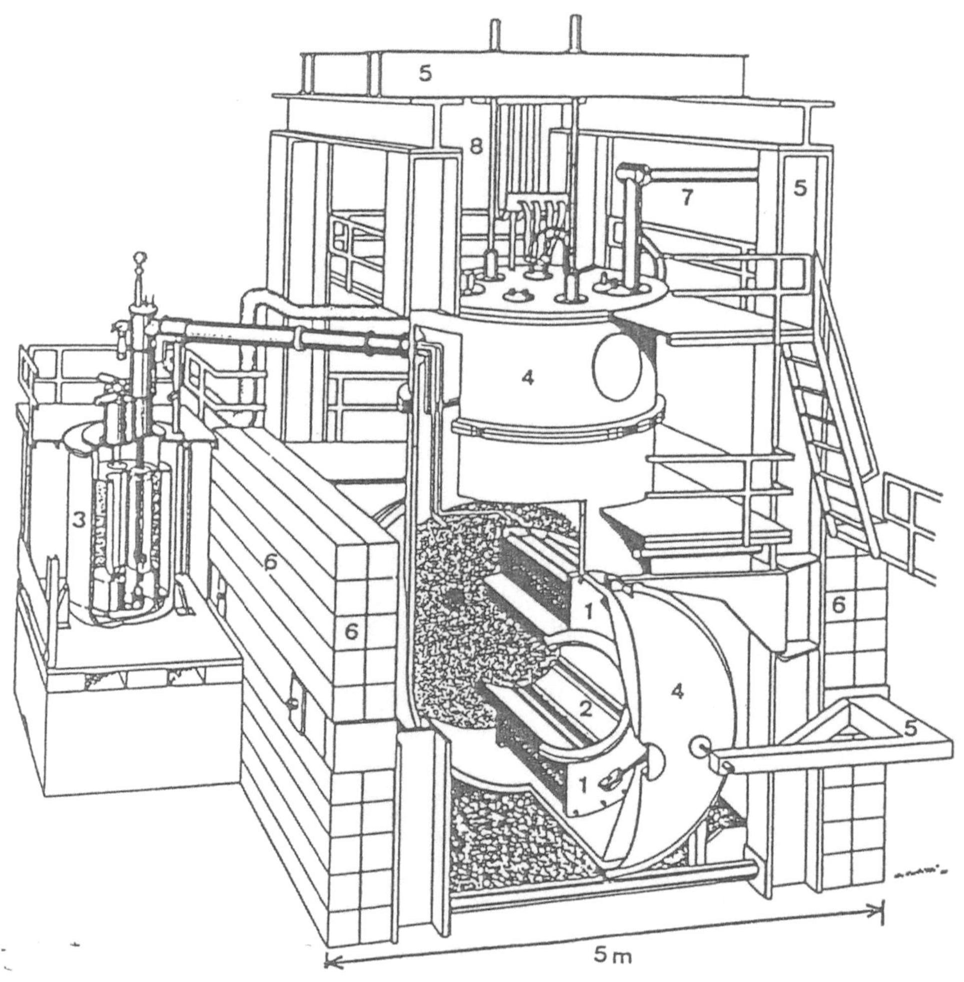

Bild 59: SULTAN-Testanlage: 1,2 Magnete, 3 Helium-Kryostat, 4 Vakuumtank, 5 Magnetauf-hängung, 6 Eisenabschirmung, 7 Heliumleitung, 8 Stromzuführung

1985 organisierte das SIN die „9th International Conference on Magnet Technology"
(siehe Kapitel 8). Die Fachkenntnisse und Anlagen der Gruppe um Georg Vecsey
waren für die EURATOM derart attraktiv, dass sie die Zusammenarbeit verstärkte
und verschiedene Projekte mitfinanzierte.

b) PIREX

Anfangs der 1980er Jahre entdeckte die Gruppe von Max Victoria am EIR, dass sich
Strahlenschäden, die durch 14-MeV-Fusionsneutronen in Fusionsreaktoren entstanden, durch die 590 MeV-Protonen des SIN simulieren liessen. Daraus entstand
1982 das „Proton Irradiation Experiment (PIREX)". Dieses hatte die Untersuchung
der mikrostrukturellen Materialveränderung und Ermüdungserscheinungen unter
hoher Strahlenbelastung zum Ziel. Solche Untersuchungen sind für künftige Fusionsreaktoren von grosser Bedeutung, weshalb die EURATOM das Projekt mitfinanzierte.

Das SIN baute für PIREX unter Leitung von Manfred Daum ein eigenes Areal, das
eine Bestrahlung mit 20 Mikroampere 590 MeV-Protonen erlaubte.

9.5   Die Spallationsneutronenquelle

Da Neutronen elektrisch neutral sind und nur mit Atomkernen wechselwirken (sie
„sehen" beim Durchqueren von Materie nur die Atomkerne), stellen sie geeignete
Sonden dar für die Aufklärung der Struktur von Materie. Dies wurde schon kurz
nach der Entdeckung des Neutrons in den 1930er Jahren erkannt, doch waren die
möglichen Neutronenquellen schwach. Dies änderte sich erst mit der Konstruktion
von Kernreaktoren.

Die ersten Kernreaktoren in der Schweiz entstanden an der 1955 gegründeten Reaktor AG, die 1961 zum EIR wurde. Es handelte sich um die Forschungsreaktoren
SAPHIR und DIORIT. Der an der Konstruktion des DIORIT namhaft beteiligte
ETH-Professor Walter Hälg führte mit einer Forschungsgruppe erste Neutronen-
experimente am SAPHIR durch. Später wurde um den DIORIT als Hauptquelle für
sogenannte thermische (der Begriff bezieht sich auf die Neutronengeschwindigkeit)
Neutronen ein eigentlicher Park von Neutronenexperimenten aufgebaut. 1974 fäll-
te der Schweizerische Schulrat den Entscheid, den DIORIT-Reaktor aus Kostengründen nicht weiter zu betreiben. Nachdem dessen letzte Kernladung 1977 aufge-
braucht war, wurde er abgestellt, und die Neutronenstreuexperimente wechselten
wieder zum schwächeren Reaktor SAPHIR.

Werden Protonen mit hoher Geschwindigkeit auf bestimmte Materialien geschossen, erzeugen sie unter anderem Neutronen mittels der sogenannten Spallationsre-
aktion. Gegenüber den herkömmlichen Fissionsneutronen in Kernreaktoren haben
Spallationsneutronen den Vorteil, dass sie pro Neutron deutlich weniger Abwärme
produzieren, da bei der Fission rund 200 MeV, bei einer Spallation nur rund ein

Viertel davon freigesetzt wird, was besonders bei der Herstellung von „kalten" (sehr langsamen) Neutronen günstig ist. Zudem stellt eine Spallationsneutronenquelle keine nukleartechnischen Sicherheitsprobleme (wenig Nachwärme, keine Kritikalität), lässt sich schnell herunterfahren und braucht kein hoch angereichertes Uran, das nicht einfach zu erhalten ist.

Diese Zusammenhänge führten in Kanada Mitte der 1960er Jahre zum Konzept eines „Intense Neutron Generator (ING)"-Projekts mit einem Linearbeschleuniger von 1 GeV und einem Blei-Wismuth-Eutektikum als Target. Dieses Projekt wurde allerdings nie verwirklicht.

Nach dem Abstellen des DIORIT-Reaktors zeigte Walter Hälg, dem das kanadische Projekt bekannt war, grosses Interesse an der Erzeugung von Neutronen mit dem Ringbeschleuniger. Auch Direktor Blaser hatte schon angeregt zu prüfen, wie hoch der Protonenstrom sein müsse, um hinter dem Target E eine Spallationsneutronenquelle anzuschliessen. Hälg und seine Forscher kamen zum Schluss, dass für die Quelle ein Protonenstrahl von mindestens 1 Milliampere erforderlich sei.

Nachdem das SIN für Ende der 1980er Jahre dank des Injektors II einen hohen Protonenstrahlstrom einplante, waren die Voraussetzungen für eine Spallationsquelle gegeben. An einem finsteren Novembernachmittag – so ein Zeitzeuge – fand eine Besprechung statt, an der Christoph Tschalär, Walter Fischer, Erich Steiner, Jean-Pierre Blaser und Weitere teilnahmen. Die Frage war, wie 1 Milliampere für die Neutronenquelle erreicht werden konnte, ohne das Target E aufzugeben. Die Neutronenquelle würde somit den „Abfallstrahl" nach dem Durchgang durch das Target E nutzen.

Erich Steiner machte darauf aufmerksam, dass das Target E den Strahlstrom drastisch reduzierte. Er schlug vor, rund 1.5 Milliampere auf Target E anzustreben und dieses entsprechend zu kürzen, sodass die Pionenrate jener entsprach, die mit 1 Milliampere und der bisherigen Länge erzielt würde. Damit könnten alle Nutzniesser zufrieden sein, und so wurde es beschlossen. Den zuständigen Gerd Heidenreich kostete es allerdings viel Arbeit, bis er ein solches Target entwickelt hatte.

Idealerweise kann man die Energie der thermischen Neutronen mit Hilfe von Flugzeitmessungen bestimmen. Deshalb war Hälg an einem mit 50 Hertz gepulsten Protonenstrahl interessiert. Es bestand die Möglichkeit, mit dem SIN-Beschleuniger sowohl eine kontinuierliche als auch eine gepulste Neutronenquelle zu speisen. Für eine gepulste Quelle hätte man allerdings die Protonen in einen zusätzlichen Speicherring bringen müssen.

Eine Projektgruppe, zusammengesetzt aus Walter Fischer, Werner Joho und Christoph Tschalär vom SIN und Beat Sigg von Hälgs ETH-Institut für Reaktortechnik führte 1978 eine Konzeptstudie durch. Im selben Jahr veranstaltete das SIN ein Symposium über Spallationsneutronenquellen (siehe Kapitel 8). Die Diskussionen an diesem Symposium führten zur Ansicht, dass eine kontinuierliche Quelle am SIN die einzige praktikable Lösung darstelle. Einerseits wären die übrigen Benützer der SIN-Anlagen kaum mit einem gepulsten Protonenstrahl einverstanden gewesen. Anderseits konnte Joho Hälg davon überzeugen, dass die Auslegung einer gepulsten Neutronenquelle etwa gleich schwierig sei, wie einen Tischtennisball aus einer Distanz von fünf Metern in eine Kaffeetasse einzuwerfen. Hälg gab sich schliesslich mit einem kontinuierlichen Strahl für eine Spallationsquelle zufrieden, falls die Intensität mindestens 1 Milliampere betrug.

In diesem Sinn wurde das Projekt weitergeführt und ab 1980 ins neue Anlagenkonzept der Experimentierhalle einbezogen. Demnach würde die Neutronenquelle hinter dem Target E nachgeschaltet.

1983 untersuchten Walter Fischer und Christoph Tschalär am SIN erfolgreich die Machbarkeit und Effizienz der später SINQ genannten Neutronenquelle. Gemäss einem neuartigen Konzept sollte diese aus einem vertikalen Target aus flüssigem Metall (Blei-Wismuth-Eutektikum, welches schon bei 271 Grad Celsius schmilzt) bestehen, in welches der Protonenstrahl von unten eingeschossen wurde. Die hochenergetischen Protonen erzeugen im Flüssigmetall Spallationsneutronen von einigen MeV Energie, die in einem Schwerwasser-Moderator auf sogenannte thermische Energien – wie sie für die Neutronenstreuexperimente benötigt werden – abgebremst werden. Zusätzlich wird ein Teil dieser Neutronen in einem Moderator aus flüssigem Deuterium („kalte Quelle") auf subthermische Energien abgekühlt. Die moderierten Neutronen werden in horizontalen Strahlrohren sowie in speziellen Leitern für kalte Neutronen in die Neutronenhalle zu den Spektrometern geleitet, an denen Experimente durchgeführt werden. Das Konzept eines vertikalen Targets ermöglichte einerseits eine optimale, 360 Grad-Ausnützung der rund um das Target emittierten Neutronen. Anderseits erlaubte es, die Reaktionswärme im flüssigen Target teilweise mittels natürlicher Konvektion aus der Reaktionszone abzuführen.

Das SIN wollte dem Schweizerischen Schulrat schon bald einen entsprechenden Kredit von 32.58 Millionen Franken beantragen. Der Schulrat beschloss, zuerst wissenschaftspolitische Gutachten über die Neutronenquelle einzuholen, und wandte sich an den Schweizerischen Wissenschaftsrat. Dieser hatte das Projekt bereits 1982 befürwortet. 1985 konzentrierte er sich auf die durch die Quelle eröffneten Forschungsmöglichkeiten. Gestützt auf den Schweizerischen Nationalfonds und weitere Expertisen empfahl der Schweizerische Wissenschaftsrat dem Schulrat, die SINQ in hoher Priorität zu realisieren. Der Schulrat nahm das Projekt daher in die Baubotschaft 1986 auf. Das SIN sollte selbst namhafte finanzielle Beiträge zum Bau der Quelle leisten, hingegen waren eine neue Neutronenhalle für Quelle und Instrumente sowie eine Neutronenleiterhalle für Experimente mit langsamen Neutronen Bestandteil der Botschaft. Im Herbst 1986 stimmte der Ständerat der SINQ zu, der Nationalrat folgte im Frühling 1987.

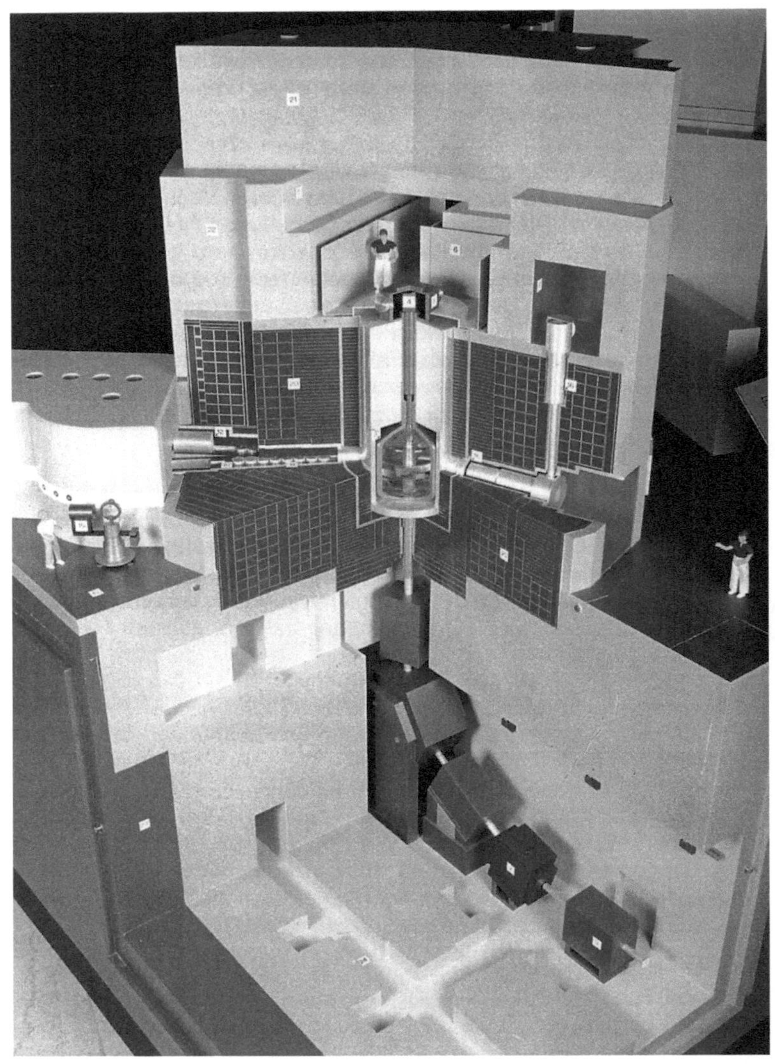

Bild 60: Schnittmodell von Targetblock und Strahlführung der geplanten Quelle. Fokussie-
rungs- und Umlenkmagnete lenken den in einem Vakuumrohr geführten Protonenstrahl
von unten her ins Target. Dieses ist im Zentrum eines grossen Tanks mit schwerem Wasser
untergebracht. Nach links verläuft ein Strahlrohr zu einem Neutronendiffraktometer mit
massiver Abschirmung.

Nach anfänglichen Schwierigkeiten wurde die SINQ in den folgenden Jahren unter
der Projektleitung von Erich Steiner gebaut. Vorläufig wurde aufgrund von Sicher-
heitsbedenken seitens der Aufsichtsbehörde HSK auf ein Flüssigmetall-Target zu-

gunsten eines konventionelleren, wassergekühlten Zirkon-Targets verzichtet. Erst im Jahre 2006 liess das PSI im Zusammenhang mit einer Machbarkeitsstudie für die beschleunigerbetriebene Transmutation von Reaktorabfällen (MEGAPIE) ein Blei-Wismuth-Eutektikum-Target erfolgreich in die SINQ einbauen, was eine Verdoppelung der Neutronenflüsse brachte.

Wie schon die Gründung des SIN als Mesonenfabrik, zeigte auch der Entscheid für den Bau der SINQ internationale Auswirkungen. Wie damals beschloss das deutsche Bundesministerium für Forschung und Technologie (BMFT), auf die in Jülich geplante Spallationsneutronenquelle, an deren Konzept der 1981 verstorbene Hans Willax mitgewirkt hatte, zu verzichten und für ihre Forscher die SINQ sowie die europäische Neutronenquelle in Grenoble zu nutzen.

10. Wissenschaftspolitische Aktionen ausserhalb des SIN

Während die im letzten Kapitel beschriebenen wissenschaftspolitischen Initiativen im Zusammenhang mit dem Potenzial der SIN-Anlagen standen, agierte das SIN zunehmend auch ausserhalb seines eigentlichen Bereichs. In den meisten Fällen führten diese Initiativen zum Erfolg, wenn auch oft für andere Mitspieler, wobei in den meisten Fällen das wissenschaftspolitische Establishment die Idee zuerst bekämpfte, bevor sich die Einsicht breitmachte, dadurch dem Fortschritt zu dienen.

10.1 Beschleuniger-Massenspektrometrie der ETH Zürich

1985 beschloss ETH-Präsident Ursprung, den Tandem-van de Graaff-Beschleuniger ausser Betrieb zu nehmen. Er begründete dies damit, dass am SIN und am CERN die Forschung in Kern- und Teilchenphysik unter besten Bedingungen möglich war, und sich so für die ETH eine willkommene Möglichkeit von Einsparungen ergab. Indessen hatten die Betreiber des Tandem-Beschleunigers unter Professor Willy Wölfli bereits eine attraktive neue Anwendung der Maschine entwickelt, nämlich die Beschleuniger-Massenspektrometrie (BMS), und diese zu einer international anerkannten Spitzenanlage aufgebaut. Diese Methode erwies sich für archäologische Altersbestimmungen, aber auch für Untersuchungen im Rahmen der Umweltforschung, als wichtig. Unterstützt vom Direktor der EAWAG, Professor Werner Stumm und vom bekannten Klimaspezialisten Professor Hans Oeschger, Bern, beantragte die SIN-Direktion dem Schweizerischen Schulrat, die Anlage für die BMS-Forschung weiter zu betreiben und nur das Kernphysikprogramm einzustellen. Es wurde ein Kompromiss gefunden, indem das SIN die Kosten für den Betrieb des Tandembeschleunigers übernahm. Dessen Kernphysikprogramm wurde eingestellt, und die Maschine der BMS gewidmet. Deren Ergebnisse waren so erfolgreich, dass in den 1990er Jahren eine Nachfolgeanlage aufgebaut wurde.

10.2 RCA-Labor

Im Jahr 1986 übernahm der General Electric-Konzern den RCA-Konzern. Dieser hatte zwei Forschungslabors betrieben, eines in den USA und eines in Zürich. GE beschloss, die Konzernforschung in ihrem Labor in Schenectady (USA) zu konzentrieren und die beiden Labors aufzugeben.

Das RCA-Labor in Zürich war mit rund 40 Forschern in der Grundlagenforschung und der für die Mikroelektronik relevanten angewandten Forschung tätig und genoss einen erstklassigen Ruf. Es arbeitete mit der ETH zusammen und betreute immer wieder Doktorarbeiten. Die Forschungsthemen betrafen allgemein die als wichtig anerkannten und zu fördernden Gebiete der Halbleitertechnik und Informationstechnologie. Dem SIN kam es absurd vor, ein solch erfolgreiches Labor in der Schweiz einfach zu schliessen. Es nahm deswegen verschiedene Kontakte auf, musste aber feststellen, dass niemand aus den einschlägigen ETH-Instituten, aus der Industrie oder aus den entsprechenden Institutionen in Neuchâtel bereit war, etwas zu unternehmen. Da gleichzeitig in der Schweiz Industrie und PTT zusammen mit Bundesstellen eine Initiative für die Errichtung eines nationalen Forschungslabors für Verbindungshalbleiter gestartet hatten, schlug die SIN-Direktion vor, das RCA-Labor zu retten und es in den ETH-Bereich zu übernehmen.

Die SIN-Direktion wurde sowohl innerhalb der erwähnten Initiative als auch beim Schulrat und den betroffenen Bundesämtern aktiv und erreichte, dass im Herbst 1987 das RCA-Labor vom Bund übernommen und vorläufig dem SIN angegliedert wurde. Die Frage seiner definitiven Struktur und Angliederung wurde mit den ETHs diskutiert und sollte vom Bundesrat 1988 entschieden werden.

Auch diese Initiative führte zum Erfolg. Das Labor in Zürich blieb bestehen. Nicht wenig trug der damalige Direktor des Labors, Karl Knop, dazu bei, indem es ihm gelang, seinen Stab von ausgewiesenen Wissenschaftern während der Zeit der Unsicherheit zusammenzuhalten. Knop erkannte zudem die neuen Anforderungen an die fortgeschrittene Halbleitertechnologie und konnte diese in den Folgejahren umsetzen. Das RCA-Labor kam gemäss Bundesratsentscheid 1988 unter die Ägide des PSI, später, als dieses Mittel für seine Grossanlagen benötigte, zum CSEM in Neuchâtel. Ein Teil des RCA-Labors wurde aber ans PSI transferiert. Die betreffenden Forschungsgruppen führten in neu gebauten Reinräumen in Würenlingen Projekte im Bereich Nanotechnik durch und bildeten später die Basis für Anwendungen der SLS in der Nanotechnik.

Ver Vertragsunsicherheit in letzter Minute

Im Herbst war der Bundesratsbeschluss für die Übernahme des RCA-Labors vorbereitet, doch der Vertrag für den Kauf des Labors für 1 $ war noch nicht unterzeichnet. Im Schulrat wurde das Geschäft vom Wissenschaftlichen Berater für die Annexanstalten begleitet. Dieser fand im Vertrag den Passus, die Kosten für das Labor betrügen „one dollar and further consideration". Was bedeutete „further consideration"? Der Sachbearbeiter rief ein in internationalen Wirtschaftsfragen tätiges Rechtsanwaltsbüro in Zürich an und bat um Rat. Der Rechtsanwalt sagte, wenn der Bund nur einen Dollar zahlen wolle, müsse es heissen „for one dollar and no further consideration". Der Sachbearbeiter verlangte bei den GE-Anwälten eine Änderung. Als er mit Professor Blaser ein Industriegebäude im Fricktal betrat, wo Blaser eingeladen war, der Aargauischen Handelskammer das SIN zu erklären, wurde der Sachbearbeiter vom Portier ans Telefon gerufen. Der GE-Anwalt, der die Verhandlungen führte, rief aus New York an und erklärte, die Formulierung müsse so sein, um unnötige Steuern in den USA zu vermeiden. Ob der Schulrat einverstanden sei, wenn GE in einem Begleitbrief erkläre, sie erwarteten nicht mehr als einen Dollar für das Labor? Das Geschäft war bereits beim Bundesrat, es eilte. Für Rückfragen war keine Zeit, also sagte der Sachbearbeiter zu, und so wurde der Vertrag unterzeichnet. Die „Kaufsumme" konnte Blaser wenigstens in

Form einer wertvollen antiken „Silver-Dollar"-Münze in einem schönen Holzkästchen dem Vertreter von GE übergeben.

10.3   Heizreaktor GEYSER

Im Jahr 1985 entstanden in der Schweiz mehrere Konzepte für Heizreaktoren. Das erste stammte vom EIR. Es handelte sich um einen konventionellen, kleinen Leichtwasserreaktor. Dem stellte die Industrie unter Federführung der ABB ein Konzept mit einem gasgekühlten Hochtemperaturreaktor gegenüber. Schliesslich schlug der vielseitige Physiker Georg Vecsey vom SIN zusammen mit dem Ingenieur Pal G.K. Doroszlai von der Elektrowatt AG einen auch technisch neuartigen, auf dem Geysir-Prinzip beruhenden Heizreaktor namens GEYSER vor, der ohne aktive Komponenten funktionierte und daher eine hohe inhärente Sicherheit besass.

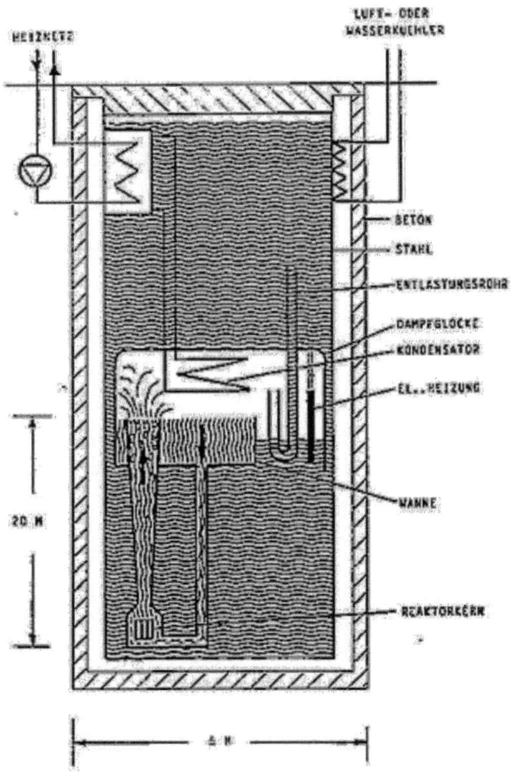

Bild 61: GEYSER-Konzept: Der Reaktor erzeugt in der Dampfglocke heissen Dampf, dieser wird durch ein Kühlsystem wieder kondensiert. Vom Kühlsystem wird Wärme ins Heiznetz übertragen.

Das ungewöhnliche Vorhaben wurde zwar vom Nationalen Energieforschungsfonds (NEFF) sowie einigen Industriefirmen (darunter Balduin-Weisser) unterstützt. Es barg aber wissenschaftspolitischen Zündstoff, weil argumentiert wurde, ein solches Projekt gehöre nicht zum Aufgabenbereich des SIN. Die Direktion bewilligte trotzdem den Bau einer Testanlage, welche von den übrigen Partnern erheblich mitfinanziert wurde. Der Grund war, dass mit dem Projekt ein neuer Weg beschritten wurde, der technisch gesehen durchaus Aussicht auf Erfolg hatte.

Im Rahmen einer Evaluation der drei Konzepte wurde das GEYSER-Konzept als aussichtsreichstes beurteilt. Ihm wurde übrigens 1992 eine Dissertation an der ETH gewidmet. Alle drei Heizreaktorkonzepte wurden nicht weiter verfolgt. Obschon für den GEYSER-Heizreaktor eine Verwertungsgesellschaft namens Geysir AG gegründet wurde, gelang der Technologietransfer nicht – wohl auch, weil die kritische Haltung in weiten Bevölkerungskreisen den Bau solcher Anlagen unwahrscheinlich machte.

11. Zukünftige Grossanlagen für das SIN

Bereits im Jahr 1981 stellte sich das SIN die Frage nach der Zukunft des Instituts. Vorgesehen war eine neue Grossanlage wiederum im Bereich der Teilchenphysik, und womöglich mit breiten Anwendungen. Diese sollte in den 1990er Jahren einen neuen Entwicklungsschwerpunkt bilden.

In den Folgejahren entwickelte sich das Konzept entsprechend den Bedürfnissen der Forschung. Am Anfang stand eine K-Mesonen (Kaonen) -Fabrik zur Diskussion. Das entsprechende ASTOR-Konzept erarbeitete Werner Joho in Zusammenarbeit mit Urs Schryber. Es wurde 1981 vorgestellt. Der „Accelerator and Storage Ring" konnte je nach verwendeten Magneten Protonen von 2.5 bis 4 GeV liefern, und zwar in Form eines kontinuierlichen Strahls oder aber in einzelnen Pulsen. Die Maschine würde vom Ringzyklotron „gefüttert", benötigte den 600 MeV-Protonenstrahl aber nur für kurze Zeiten, sodass der Betrieb der Spallationsneutronenquelle wenig beeinträchtigt würde. Die ASTOR-Anlage wäre im Rahmen des SIN realisierbar.

In den Folgejahren wurde das Konzept mehrmals optimiert. Es konnte als eigenständige Anlage erstellt oder als Vorstufe für ein 20 GeV-Synchrotron für eine europäische Kaonenfabrik (die sogenannte European Hadron Facility EHF) eingesetzt werden. Diese konzipierten Joho und Schryber 1984, gestützt auf die K-Factory am TRIUMF, als „Hochintensives Protonensynchrotron (HIPS)". Die Anlage umfasste mehrere Beschleunigungsringe in ein und demselben Tunnel von rund 100 Metern Radius. Im Rahmen der Diskussionen um die wissenschaftliche Nutzung wurden auch höhere Energien, nämlich 30 GeV, angepeilt. Das Forschungsprogramm an einer derartigen Maschine wurde von schweizerischen und europäischen Hochschulphysikern in Einzelheiten studiert und als attraktiv beurteilt. Allerdings war wegen der hohen Kosten eine solche Anlage wohl nur in einer internationalen Struktur realisierbar. Eine internationale Beteiligung war allerdings nicht in Sicht. Das Projekt wurde daher 1986 zugunsten einer B-Mesonenfabrik fallen gelassen, weil diese voraussichtlich mehr externen Benützern dienen konnte.

Eine solche hatte Ralph Eichler zusammen mit Tatsuya Nakada und Klaus Schubert Mitte der 1980er Jahre konzipiert. B-Mesonen sind etwa sechs Mal schwerer als das Proton und die bisher schwersten Elementarteilchen, an denen sich fundamentale noch ungeklärte Fragen der schwachen Wechselwirkung untersuchen lassen. Die B-Fabrik würde aus einem Elektronensynchrotron und zwei getrennten Speicherringen für Elektronen und Positronen von rund 6 GeV bestehen. Daraus ergaben sich optimale Bedingungen für wichtige Experimente im Bereich schwerer Quarks und schwerer Leptonen. Die Anlage könnte parasitär zudem kurzwellige Synchrotronstrahlen für andere Forschungszweige erzeugen. Im Gegensatz zu ASTOR sah die B-Fabrik vornehmlich die Verwendung bekannter Komponenten vor, sodass das Risiko bei der Realisierung klein wäre.

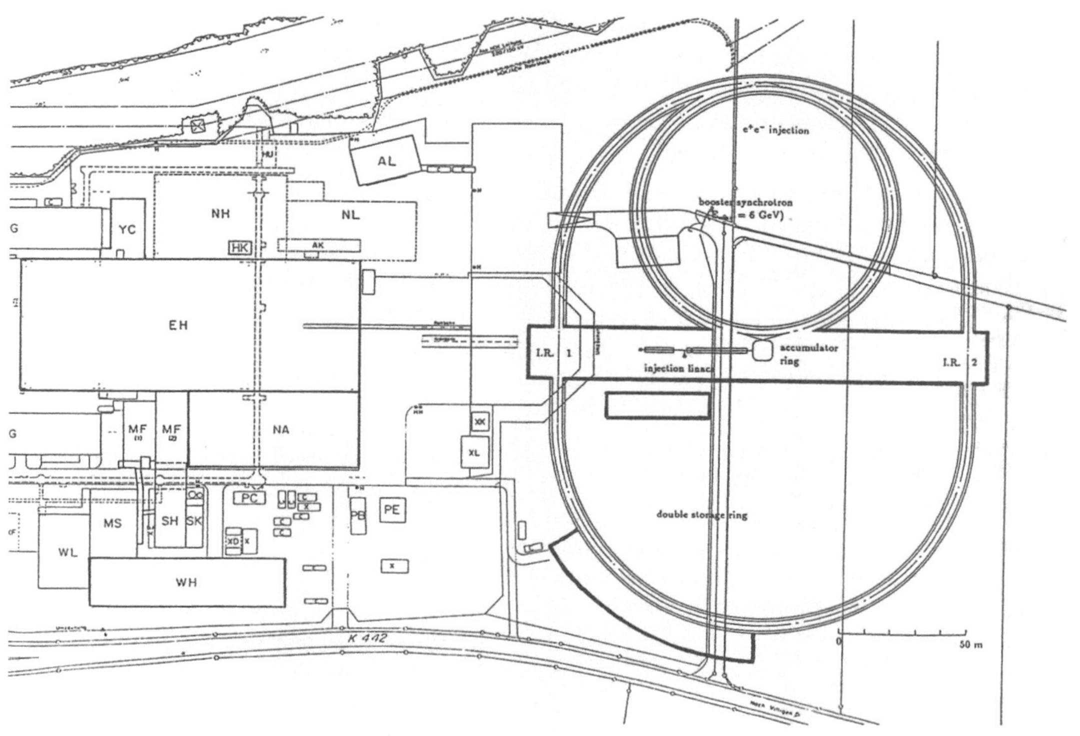

Bild 62: B-Fabrik. Anordnung der Speicherringe für Elektronen und Positronen und Gebäude für die vorgeschlagene B-Mesonenfabrik auf dem Areal des SIN.

1987 entschied sich das SIN, die Realisierung der von Eichler vorgeschlagenen B-Fabrik voranzutreiben. Eine Arbeitsgruppe mit schweizerischen und deutschen Physikern erarbeitete einen Vorschlag, der dem Schweizerischen Schulrat 1988 zur Prüfung unterbreitet wurde. Die Investitionskosten für den Beschleunigerkomplex und für einen universellen Teilchendetektor betrugen rund 170 Millionen Franken. Sie legten eine binationale Realisierung, gemeinsam mit Deutschland, nahe. Anlässlich eines Gesprächs mit dem deutschen Bundesforschungsminister Heinz Riesenhuber vom Februar 1989 brachte Bundesrat Flavio Cotti eine deutsche Beteiligung zur Sprache. Riesenhuber machte klar, dass sich Deutschland nicht an den Investitionskosten beteiligen werde, höchstens würde es Beiträge für eine spätere Nutzung ausrichten.

Im März 1989 beschloss der Schulrat, zum Projekt den Wissenschaftsrat, Nationalfonds sowie die Universitäten zu konsultieren. Aufgrund der Konsultation kam er an der Sitzung vom September 1989 zum Schluss, dass das Forschungsspektrum an dieser Maschine zu eng sei, und wies den Antrag zurück. Mit ausschlaggebend hierfür waren die sich in Diskussion befindenden fünf Schwerpunktsforschungsprogramme für die 1990er Jahre in Umweltwissenschaften, Biotechnologie, Optik/Optoelektronik, Leistungselektronik und Werkstoffforschung, welche erhebliche finanzielle Mittel binden würden.

Nach der Ablehnung wurde die Idee des CERN aktuell, in dessen ISR-Tunnel gemeinsam eine B-Fabrik zu bauen. Bei einem Treffen zwischen Blaser und dem damaligen CERN-Direktor Carlo Rubbia verhandelten die beiden die Arbeitsteilung zwischen CERN und PSI. In den Worten von Rubbia ging es dabei um ein sogenanntes „Jalta Agreement". Blaser fragte hierauf: „Wer ist Stalin?" Rubbia antwortete, er sei Charles de Gaulle. Dieser war in Jalta gar nicht dabei gewesen! Die Idee wurde schnell wieder begraben, denn eine finanzielle Beteiligung des PSI am CERN hätte die Weiterentwicklung des PSI bestimmt nicht gefördert.

Am Speicherring der B-Fabrik wäre, wie erwähnt, parasitär auch Synchrotronstrahlung entstanden, die für Experimente hätte genutzt werden können. Diesen Teil des Projekts verfolgte Rafael Abela. Die Voraussetzungen waren also gegeben, dass sich das SIN aufgrund von Abelas Arbeiten ohne Verzug auf die Errichtung einer Synchrotron-Strahlungsquelle konzentrieren konnte, welche von einem Team mit Abela, Joho, Rivkin und Schryber konzipiert wurde. Rafael Abela spielte dabei eine wichtige Rolle in Bezug auf die künftigen Experimente. Dasselbe galt für Leonid Rivkin, den das SIN als Projektleiter des Maschinenteils der B-Fabrik vom Stanford Linear Accelerator (SLAC) abgeworben hatte.

Wilfred Hirt bemühte sich auf der wissenschaftlichen und politischen Seite um den Support von den Schweizer Hochschulen und der Industrie, wobei er auf die Nobelpreisträger Heinrich Rohrer und Alex Müller als Zugpferde zählen konnte. Das war sehr wichtig, wie folgendes Erlebnis zeigt: Eine Gruppe mit Wilfred Hirt, Rafael Abela, Bruno Reihl und Werner Joho reiste nach Basel, um von einem Chemiekonzern Unterstützung für die Synchrotron-Strahlungsquelle zu erhalten, im Idealfall eine finanzielle Beteiligung, mindestens aber ein Schreiben an den Bundesrat mit der Empfehlung, das Projekt zu realisieren. Die Konzernverantwortlichen reagierten lau. Sie erklärten, ihre Mitarbeiter benützten bereits Synchrotronquellen in den USA, es koste nur ein paar Flugbillette, um bei dieser Art Forschung dabei zu sein.

Dem späteren PSI-Direktor Meinrad Eberle gelang schliesslich beim ETH-Rat und den Bundesbehörden der Durchbruch bei diesem Projekt. Und erst als die Synchrotronlichtquelle SLS des PSI international als Spitzenanlage eingestuft wurde, wollte auch die Basler chemische Industrie dabei sein.

Unabhängig von der Art der neuen Grossforschungsanlage zeichnete sich ab, dass deren Bau, zusätzlich zum noch nicht abgeschlossenen Hochstromausbau und dem Bau der SINQ, die Grenzen der SIN-Ressourcen überschritten. Dieser Umstand war nicht der Hauptgrund, dass das SIN mit dem EIR zum PSI fusioniert wurde, aber das Gesamtbudget eines mehr als doppelt so grossen Instituts weitete die Möglichkeiten zur Erneuerung erheblich aus.

12. Die Zusammenarbeit mit dem EIR

12.1 Infrastruktur

Die Standortwahl für das SIN hatte verschiedene Gründe gehabt (siehe Abschnitt 2.4). Einer davon war die Nähe zum EIR, das bereits als Annexanstalt der ETH am gegenüberliegenden Aare-Ufer vorhanden war.

Im Oktober 1969 wurde als erstes Bauwerk des SIN die Brücke über die Aare, welche die beiden Institute verband, eröffnet. Sie erlangte schnell eine regionale Bedeutung. Als Erstes wurde die Trinkwasserleitung, welche das Reservoir von Würenlingen in Böttstein mit der Gemeinde verband, eingebaut. In den 1980er Jahren geschah dasselbe mit den Vor- und Rücklaufleitungen der Fernwärmeversorgung im unteren Aaretal, REFUNA. In beiden Fällen profitierte die Region, indem sie eigene Bauwerke einsparte. Vor allem aber wollte die Bevölkerung der Region die Brücke für den Verkehr benützen. Wegen der Haftpflichtfrage allgemein, und speziell, weil über die Brücke auch radioaktives Material zwischen den Instituten transportiert wurde, sperrte sich das SIN gegen eine allgemeine Benützung. Man fand den Kompromiss, dass der lokale Verkehr der Einwohner der Gemeinden Villigen und Würenlingen geduldet wurde. Allgemein wurde die Verbindung jedoch als Privatstrasse gekennzeichnet.

Bild 63: Bau der Aarebrücke 1969, Blick aufs Ostufer.

Bereits in der Bau- und Montagephase des SIN leisteten Infrastrukturabteilungen des EIR überaus wertvolle technische und administrative Hilfe. Sie übernahmen verschiedene Aufträge, so die Bereitstellung der Heizungs- und Kühlwasseranlagen sowie umfangreiche Planungsarbeiten für die elektrischen Anlagen.

1973 schlossen die beiden Institute einen umfangreichen Vertrag ab, in dessen zahlreichen Anhängen sämtliche Gegenstände der logistischen Zusammenarbeit aufgelistet waren. Diese betrafen die Versorgung mit Kühlwasser und mit Ersatzstrom im Mittelspannungsbereich, Leistungen der Werkstätten, die Personalverpflegung und die Sicherheit. Bereits damals stellte sich heraus, dass hier zwei Kulturen zusammenstiessen: Jene des aufgrund seiner Vergangenheit industriell und kaufmännisch orientierten EIR und jene des SIN, das sich als Hochschulinstitut verstand. Grundsätzlich funktionierte die Zusammenarbeit gut, wobei in der Regel das EIR als älteres Institut mit bereits ausgebauter Infrastruktur Leistungen für das SIN erbrachte.

Eine weitere Zusammenarbeit im Bereich Infrastruktur war der Einsatz von EIR und SIN für das REFUNA-Projekt. Dabei wird Abwärme aus dem Kernkraftwerk Beznau für den Betrieb eines Fernwärmenetzes im Unteren Aaretal ausgekoppelt. Der Bund wurde 1983 bei der Gründung der REFUNA AG Aktionär, wobei vorerst EIR und SIN je 250'000 Franken aus ihrem Budget in die Aktien steckten und sich verpflichteten, ihre Heizwärme von der REFUNA abzunehmen. Ebenso wichtig jedoch war der persönliche Einsatz von Exponenten der beiden Institute bei technischen und organisatorischen Fragen. Seitens des EIR waren es vor allem Edmund Loepfe, seitens SIN Peter Schwaller und Christoph Tschalär. Loepfe übernahm das Präsidium des REFUNA-Planungskonsortiums, und Schwaller, der auch Gemeindeammann von Endingen war, wurde später Präsident der REFUNA AG.

Als schliesslich wegen zunehmendem Personalbestand beide Institute ihre Kantinen erweitern mussten, entschied der Präsident des Schulrats Mitte der 1980er Jahre, dass diese unter einem neuen Verpflegungskonzept zusammenzulegen seien, und zwar auf der Würenlinger Seite. Der Entscheid schlug beim Personal der beiden Institute hohe Wellen, weil das EIR-Personal auf die Bedienung verzichten und das SIN-Personal zum Mittagessen über die Brücke wandern musste. Indessen wurde der Entscheid unter der Projektleitung des Wissenschaftlichen Beraters für die Annexanstalten umgesetzt, und unter dem PSI entwickelte sich das Personalrestaurant zu einer höchst erfolgreichen, weitherum anerkannten Institution.

12.2   Forschungsprojekte

Schon bald zeichnete sich eine Zusammenarbeit zwischen EIR und SIN auch auf wissenschaftlichen Gebieten ab. Den Anfang machte die Isotopenproduktion. Nach der Betriebsaufnahme des ersten Injektorzyklotrons wurde 1972 mit dem Bau einer Bestrahlungsstation für die SIN-Isotopenproduktion begonnen. Das EIR produzierte mit seinen Reaktoren Isotope vor allem für medizinische Zwecke. Mit seinen

Beschleunigeranlagen war das SIN in der Lage, neutronenarme Isotope zu produzieren, welche infolge der geringen Strahlenbelastung der Patienten und ihrer exzellenten Nachweiseigenschaften in Nuklearmedizin und Biologie sehr gefragt waren. Sie ergänzten die Angebotspalette des EIR und konnten in die bestehende Vertriebslogistik aufgenommen werden. 1974 stellte das SIN solche Isotope erstmals her. 1975 ging es zur Routineproduktion von Jod-123 über. Es wurden aber auch weiteren Isotope von Rubidium, Krypton, Fluor oder Xenon hergestellt. In den folgenden Jahren wurde die Zusammenarbeit ausgeweitet. Der Bedarf an Isotopen veranlasste das SIN, 1978 eine Station für die Isotopenproduktion am Injektor II zu planen. Diese wurde 1987 in Betrieb genommen. Insgesamt investierte das SIN erhebliche Mittel in technische Anlagen, das EIR in ein Isotopengebäude mit speziellen Labors für die Präparation.

1982 wurde die Zusammenarbeit auf dem Gebiet der Spallations-Neutronenquelle (siehe Kapitel 9) vertieft. Das SIN konnte auf den Gebieten Verfahrenstechnik und Thermodynamik Spezialisten vom EIR zuziehen. Die wichtigsten Gesprächspartner für dieses Projekt waren die Wissenschafter des Labors für Neutronenstreuung der ETH, das am EIR domiziliert war und dessen Reaktoren nutzte.

Im selben Jahr entstand die Zusammenarbeit für das Projekt PIREX (siehe Kapitel 9). Zudem begann das EIR, grosse Vorhaben schweizerischer Gruppen am CERN logistisch zu unterstützen, wie es das SIN bereits tat.

12.3   *Gemeinsame Zukunftsvision und Hayek-Studien*

Mitte der 1980er Jahre hatten sich die beiden Institute in folgenden Arbeitsgebieten angenähert:

Materialforschung mit Neutronen und Protonen

Nuklearmedizin

Kernfusionstechnologie

Mitarbeit an Hochenergieexperimenten am CERN

Obschon diese Gebiete teilweise ausserhalb der Haupttätigkeitsgebiete beider Annexanstalten lagen, waren sie relevant, weil sie zu neuen wissenschaftlichen Anwendungen führten. In dieser Situation beschlossen die Direktionen, ihre eigene Zusammenarbeit zu verstärken. Vorgesehen waren periodische gemeinsame Direktionssitzungen, eine gegenseitige Vertretung der Direktionen in den Beratenden Kommissionen sowie die Prüfung eines engeren Zusammengehens durch eine Arbeitsgruppe. Es handelte sich dabei eher um vertrauensbildende Massnahmen zwischen zwei Direktionen mit unterschiedlichen Kulturen. Konkret ergaben sich aus diesem Vorgehen keine effektiven Resultate.

Am SIN wurde, vor allem auf Initiative von Wilfred Hirt, die Möglichkeit einer Zusammenlegung von EIR und SIN schon früh näher diskutiert. Man ging dabei davon aus, dass das SIN, um seine international sehr gute Stellung zu behalten, mit einem neuen grösseren Projekt die bald zwanzigjährigen Anlagen würde ergänzen müssen. Es war jedoch unsicher, ob das Institut hierfür die nötigen Kredite erhalten würde. Gleichzeitig spürte man, dass das EIR angesichts der Tatsache, dass die schweizerische Industrie keine grösseren Entwicklungen in der Nukleartechnik vorsah, vielleicht bald von Behördenseite aus als zu gross angesehen würde. So bestand für beide – separat bleibende – Institute die echte Gefahr, stark gestutzt, ja sogar als überflüssig geschlossen zu werden. Wie echt diese Gefahr war, zeigte sich in verschiedenen, vorläufig inoffiziellen Äusserungen von Politikern.

1983 hatten die beiden Direktionen einen gemeinsamen Bericht zuhanden des Präsidenten des Schweizerischen Schulrats verfasst, der mögliche zukünftige Entwicklungen aufzeigte. Ab 1984 stellte sich auch bei der Oberbehörde zunehmend die Frage einer gemeinsamen Zukunft von EIR und SIN. Der Schweizerische Schulrat setzte zu diesem Zweck eine Kommission ein, die vorläufig ohne Ergebnisse blieb. Das lag vor allem daran, dass man am SIN in einer Fusion eine wichtige Chance, ja Notwendigkeit sah, während beim EIR die bewahrende, ja strikt abwehrende Haltung dominierte. Trotzdem gab es beim EIR auch wichtige Kaderpersonen, die aktiv an der Meinungsbildung teilnahmen. So vor allem der Hauptabteilungsleiter Edmund Loepfe, der übrigens, als man nach der beschlossenen Fusion die schwierige Frage nach dem Namen des neuen Gesamtinstituts hin und her drehte, die Lösung vorschlug: „Paul Scherrer Institut".

1985 beauftragte der Schweizerische Schulrat das Büro Hayek Engineering von Nicolas Hayek, für den gesamten ETH-Bereich eine Optimierungsstudie durchzuführen. Gemäss Masterplan führte Hayek zwei Folgestudien für EIR und SIN durch. Die erste Studie wurde 1985 abgeschlossen. Sie betraf Rationalisierungsmöglichkeiten im Infrastrukturbereich. Sie empfahl die Übernahme von Aufgaben für beide Institute durch Dienste am EIR (Technische Dienste) und SIN (Materialbewirtschaftung), welche besonders effizient arbeiteten. Hayek bezifferte das Einsparungspotenzial auf rund 30 Stellen. Der Schulrat wies die Direktionen im März 1986 an, die von Hayek vorgeschlagenen Rationalisierungsmassnahmen zu realisieren und freigespielte Stellen laufend in die Schulratsreserve abzugeben. Zwar begannen die Direktionen, Infrastrukturteile zusammenzulegen, doch ergab sich bald die Erkenntnis, dass wegen der unterschiedlichen Betriebskulturen eine wirksame Rationalisierung der Infrastruktur wohl nur in einem fusionierten Institut möglich war.

Die zweite Studie lief 1986 an und konzentrierte sich auf die Neuorientierung der beiden Institute. Der Schulrat engagierte zu diesem Zweck vier hochrangige Experten, alles Physiker, nämlich Pierre Aigrain, Staatssekretär für Forschung in der französischen Regierung; Wolf Häfele, Vorstandsvorsitzender der Kernforschungsanlage Jülich, Deutschland; Geoff Manning, Direktor des Rutherford Appleton Laboratory in England; Jean Teillac, französischer Hochkommissar für Atomenergie. Als seinen Vertreter delegierte der Schulratspräsident seinen Wissenschaftlichen Berater für die Annexanstalten, Andreas Pritzker. Die vier Experten prüften zusammen mit Hayek Engineering die Forschungsprogramme der beiden Institute und machten sich Gedanken über deren künftige Ausrichtung und optimale Struktur. Im April 1986 reichten sie einen zusammenfassenden Expertenbericht ein. In ihrem Bericht vom Mai 1986, den Nicolas Hayek mit einem Begleitschreiben am 4. Juni 1986 an Schulratspräsident Maurice Cosandey sandte, fasste die Hayek Engineering AG die Schlussfolgerung der Experten wie folgt zusammen:

„Die Empfehlungen zielen auf eine intensive Zusammenarbeit, als bessere Zukunftsmöglichkeit auf die Fusion von EIR und SIN hin. Aufgrund eigener Erfahrungen der Experten bilden Forschungslabors mit mehreren Hauptstossrichtungen eine langfristig gesicherte und nutzvolle wissenschaftlich-technische Arbeitsplattform, die sich durch ständige innere Erneuerung, Dynamik und Innovationsgeist auszeichnet. Auf nur eine Stossrichtung ausgerichtete Institute hingegen haben Mühe, ihre Daseinsberechtigung längerfristig beweisen zu können. ... Eine Fusion von EIR und SIN, damit verbunden evtl. Redimensionierung, und sicher Restrukturierung, der beiden Institute scheint die optimale Lösung zur Existenzsicherung der erhaltenswerten Qualitäten von EIR und SIN zu sein, dies umso mehr, als beide Institute Ansätze für ausbaubare, gemeinsame oder komplementäre Forschungsschwerpunkte aufweisen. Die Fusion und Umorientierung erfordert eine ausgezeichnete zentrale Führung, um rasch und erfolgreich durchgeführt werden zu können."

Der im Februar 1987 in Pension gehende Präsident des Schulrates, Professor Maurice Cosandey, sowie sein designierter Nachfolger, Professor Heinrich Ursprung, gelangten zur Ansicht, dass mit der Fusion eine Chance wahrgenommen werden sollte. Dem schloss sich der Schulrat an. Von dessen Beschluss sickerte etwas in die Presse durch. In einem Artikel vom 14. Juli 1986 kündigte der Tages-Anzeiger die Fusion unter dem Titel: „Vernunftehe in der Schweizer Kernforschung?" bereits an. Der Untertitel lautete: „Auch nach einer Fusion von EIR und SIN kein Ausstieg aus der Kernenergie." Und der Artikel begann wie folgt:

„Werden das Eidgenössische Institut für Reaktorforschung (EIR) in Würenlingen und das Schweizerische Institut für Nuklearforschung (SIN) in Villigen, beides sogenannte Annexanstalten der Eidgenössischen Technischen Hochschulen, zusammengelegt? Der Schweizerische Schulrat will die beiden Partner in einer Vernunftehe zusammenbringen und die Institute besser in den eigentlichen Hochschulbereich einbetten."

Der Artikel war erstaunlich gut recherchiert. So erwähnte er, dass EIR-Direktor Heini Gränicher vom Schulratsentscheid wenig begeistert war. Er hätte lieber das EIR als nationales Energieforschungszentrum aufgebaut und hoffte darauf, dass der

Bundesrat den Experten der Hayekstudie nicht folge. SIN-Direktor Jean-Pierre Blaser hingegen stehe voll hinter dem Schulratsentscheid, und das SIN habe sehr viel weniger Fusionsängste als das EIR. Angesprochen auf die Frage, ob mit dem Entscheid eine energiepolitische Weichenstellung beabsichtigt sei, erklärte Schulratsgeneralsekretär Fulda, beim Entscheid habe sich der Schulrat rein wissenschaftlich orientiert. Auch ein fusioniertes Institut werde nicht vollständig auf die Reaktortechnologie verzichten können. Diese Meinung teilten die beiden Institutsdirektoren.

Bild 64: Die beiden Institute SIN und EIR

Der Schulrat informierte den Bundesrat über seine Absicht, die Institute zu fusionieren. Dieser nahm am 10. September 1986 davon Kenntnis und beauftragte den Schulrat, dem Bundesrat innert sechs Monaten Vorschläge für Auftrag, Organisation und Betrieb der neuen Annexanstalt zu unterbreiten. Für diese Aufgabe setzte Präsident Cosandey (um den knappen Zeitplan nicht zu gefährden in Form einer Präsidialverfügung) am 29. September 1986 eine Projektorganisation ein. Diese umfasste einen Lenkungsausschuss und eine Projektleitung. Den Lenkungsausschuss leitete Michael Kohn (Präsident der Beratenden Kommission des EIR), seine Mitglieder waren Urs Hochstrasser (Direktor des Bundesamtes für Bildung und Wissenschaft), Eduard Kiener (Direktor des Bundesamtes für Energiewirtschaft), Verena Meyer

(Physikprofessorin an der Universität Zürich), Heinrich Ursprung (Präsident der ETH Zürich), Bernard Vittoz (Präsident der EPF Lausanne). Mit beratender Stimme sassen im Lenkungsausschuss die Direktoren von EIR und SIN, der Generalsekretär des Schulrates, Johannes Fulda, sowie Andreas Pritzker in seiner Funktion als Wissenschaftlicher Berater für die Annexanstalten. Die Projektleitung arbeitete unter dem Vorsitz von Jean-Pierre Blaser. Ihr gehörten an Heini Gränicher (Direktor des EIR), Wilfred Hirt (stellvertretender Direktor des SIN), Edmund Loepfe (Leiter der Hauptabteilung wissenschaftlich-technische Dienste des EIR) und, wiederum mit beratender Stimme, Andreas Pritzker.

Die Projektorganisation arbeitete zielgerichtet an ihrem Auftrag, wobei sie herausragende Wissenschafter aus den beiden Instituten beizog. Im März 1987 konnte der Lenkungsausschuss dem Schulrat seinen Bericht über die Ausgestaltung des fusionierten Instituts vorlegen. Im April 1987 beantragte der Schulrat dem Bundesrat, EIR und SIN auf den 1. Januar 1988 zum PSI zu fusionieren. Der Bundesrat ordnete eine bis zum 30. September befristete, breite Vernehmlassung an. Dabei überwogen die positiven Stellungnahmen. Damit war der Weg frei zur – laut Generalsekretär des Schulrates, Johannes Fulda – „grössten Fusion im Bereich des Bundes seit der Gründung der SBB".

Dementsprechend gab es vor der Beschlussfassung durch den Bundesrat zwischen den Departementen des Bundes ein ungewöhnlich ausgedehntes sogenanntes Mitberichtsverfahren, da viele Bundesstellen an der Gestaltung des neuen Instituts interessiert waren. Am 30. November 1987 beschloss der Bundesrats die Fusion, beauftragte jedoch den Schulrat, ihm bis Ende Jahr einen Bericht über die Prioritäten des Arbeitsprogramms und die mittelfristige Planung der Ressourcen des PSI zur Genehmigung vorzulegen. Dabei erfolgte eine politischer Weichenstellung, indem der Bundesrat Ausgewogenheit zwischen nuklearer und nichtnuklearer Energieforschung verlangte – ein Thema, welches die PSI-Direktion noch längere Zeit beschäftigte.

13. Die Anfänge des Paul Scherrer Instituts (PSI)

Nachdem Jean-Pierre Blaser als Projektleiter mit seinem Team die Fusion der beiden Institute vorbereitet hatte, wählte ihn der Bundesrat folgerichtig zum ersten Direktor des Instituts. Er nahm diese Funktion während fast anderthalb Jahren bis zu seinem altersbedingten Rücktritt wahr. Stellvertretender Direktor wurde wieder Wilfred Hirt.

Wie kam das PSI zu seinem Namen?

Schulrat, Projektorganisation und Bundesbehörden zogen die Gründung des PSI mit einem ambitiösen Zeitplan durch. Das führte manchmal zu Feuerwehrübungen. Als Name hatte die Projektleitung „Paul Scherrer Institut" vorgeschlagen. Der Schulrat stimmte zu, doch herrschte die Ansicht, die Verwendung eines Personennamens sei in der Schweiz unüblich, sodass der Bundesrat eine neutrale Bezeichnung fordern werde. Von den Bundesstellen gab es im Mitberichtsverfahren jedoch keine Opposition. Vor der Beschlussfassung durch den Bundesrat am 30. November 1987 musste der Wissenschaftliche Berater für die Annexanstalten blitzartig die einzige noch lebende Tochter von Paul Scherrer um Erlaubnis fragen. Die Tochter stimmte am Telefon freudig zu und versprach, sogleich einen entsprechenden Brief abzuschicken. Dieser gelangte rechtzeitig in die Unterlagen zur Bundesratssitzung.

Das PSI umfasste die Forschungsbereiche Kern- und Teilchenphysik (Leitung Prof. Roland Engfer), Biowissenschaften (Edmund Loepfe), Festkörperforschung/Materialwissenschaften (Prof. Hans-Rudolf Ott), Nukleare Energie (Hans-Peter Alder), Allgemeine Energie (Prof. Peter Suter), zudem als Infrastruktur den Technisch-wissenschaftlichen Fachbereich (Christoph Tschalär) sowie die Administration (Andreas Pritzker). Mitglied der Direktion war zudem Professor Meinrad Eberle als Beauftragter für Energieforschung. Zur erweiterten Direktion gehörten Karl Knop als Leiter des ehemaligen RCA-Labors, Ralph Eichler als Leiter des Projekts B-Mesonenfabrik und Walter Fischer als Leiter des Projekts Spallationsneutronenquelle. Der Direktionsstab setzte sich zusammen aus Karl Buob, Peter Schwaller und Martin Jermann.

Die ersten Jahre des PSI waren durch folgende Aufgaben gekennzeichnet:

Zusammenführen von Programmen und Projekten von SIN und EIR in den neu gegründeten Forschungsbereichen Bio- und Materialwissenschaften.

Zusammenlegung und Redimensionierung der Infrastruktur.

Redimensionierung der ursprünglichen Hauptstossrichtungen Teilchenphysik und Nukleare Energie, um Ressourcen für neue Vorhaben bereitzustellen.

Aufbau neuer Forschungsgebiete wie allgemeine Energie.

Integration des RCA-Labors ins PSI.

Weiterführung der Grossprojekte SINQ und Hochstromausbau.

Evaluation einer neuen Grossforschungsanlage nach der Verwerfung der B-Mesonenfabrik

Aufbau neuer Managementprozesse.

Der Schweizerische Schulrat erwartete durch die Zusammenlegung der Verwaltungen und Infrastrukturabteilungen der beiden Institute einen Rationalisierungseffekt. Dieser war in einer ersten Hayek-Studie auf rund 30 Personalstellen beziffert worden, doch wurde das Budget des neuen Instituts nach der Fusion nur moderat gekürzt, da seine Neuausrichtung zusätzliche Mittel erforderte. Dies betraf insbesondere den von der Politik erwarteten Aufbau der nichtnuklearen Energieforschung.

Die Pressekonferenz über die Ausrichtung des PSI im März 1989 fand denn auch viel Echo in der Presse. Wie zu erwarten war, fokussierte sich das Interesse vor allem auf die Ausgewogenheit in der Energieforschung und weniger auf den mindestens so wichtigen Ausbau der Materialwissenschaften, den das PSI mit seinen Methoden zur Strukturaufklärung der Materie in den folgenden Jahren erfolgreich vollzog.

Eine Fusion von Organisationseinheiten hat immer Gewinner und Verlierer, und die Verlierer haben die Tendenz, das neue Unternehmen zu behindern – schon nur um zu zeigen, dass sie mit ihrer Skepsis Recht hatten. Im Fall des PSI gab es zwei Gemeinschaften, welche teils zu Recht das Schwinden ihres Einflusses fürchteten. Die SIN-Benützer befürchteten einen Verlust ihres Fokus, weniger Ressourcen sowie einen Verlust der Hochschulkultur des SIN. Sie konnten einigermassen beruhigt werden, wobei Jean-Pierre Blaser und Wilfred Hirt viel Übezeugungsarbeit leisteten. Die am EIR interessierten Kreise – Elektrizitätswirtschaft, Maschinenindustrie, Verwaltung und Politik – gingen davon aus, dass das PSI näher zu den Hochschulen rückte, und befürchteten daher einen Verlust ihrer Möglichkeiten zur Einflussnahme auf das Tätigkeitsprogramm. Die Sicherheitsbehörden befürchteten, gewarnt vor internen Verlierern, eine „Verluderung" des Sicherheitsstandards – dies vollkommen unbegründet, hatte doch der Betrieb der SIN-Anlagen strenge Anforderungen an die Sicherheit gestellt.

Das Ergebnis all dieser Befürchtungen waren Forderungen an die Direktion des PSI, für die jeweilige Klientel die traditionellen Strukturen zu erhalten und Pfründen zu reservieren. Problematisch waren besonders die Forderungen von Stellen der Bundesverwaltung, weil diese via Departementsvorsteher und Schweizerischen Schulrat die Direktion des PSI unter Druck setzen konnten. Wie üblich hatten all diese Interessenkreise im Institut selbst ihre Vertreter oder Verbündeten.

Die ersten Jahre stellten für die Direktion somit eine Gratwanderung dar. Es mussten an allen Orten tragfähige Kompromisse gesucht werden, ohne das Ziel der künftigen Ausrichtung aus den Augen zu verlieren. Rückblickend stellte sich heraus, dass es weise gewesen war, das fusionierte Institut einem erfahrenen Direktor anzuvertrauen, der beide Vorgängerinstitute kannte. Die Wahl einer aussenstehenden Person hätte vermutlich nicht zum Erfolg geführt. Das Scheitern des Nachfolgers von Jean-Pierre Blaser, Anton Menth, der nach kurzer Zeit wieder zurücktrat, weist auf diesen Umstand hin. Ein Glücksfall war schliesslich die Wahl von Meinrad Eberle als Nachfolger von Menth. Ihm gelang es mit nicht geringem persönlichem Einsatz, die Skeptiker zu beruhigen und das Vertrauen von Politik, Wirtschaft und Wissenschaft zu gewinnen, sodass sich das PSI höchst erfolgreich entwickeln konnte.

Bild 65: Verabschiedung von Jean-Pierre Blaser nach der letzten Vorlesung an der ETH im Juli 1989 durch Christa Markovits, langjährige Vorlesungsassistentin.

Pensionierung von Jean-Pierre Blaser aus Sicht der Personalabteilung

Als Jean-Pierre Blaser als Direktor des PSI zurücktrat, gab es kaum eine Abschiedszeremonie. Ein solche fand an der ETH statt, deren Physikdepartement Blaser während Jahren stark mit geprägt hatte. Vielleicht trug dazu bei, dass Blaser noch einige Zeit lang am PSI ein kleines Büro besass, weil er noch verschiedene wissenschaftliche Funktionen wahrnahm, so die Präsentationen des PSI an der Wissenschafts-Ausstellung „Heureka". Er blieb somit weiterhin sichtbar, auch wenn er sich nicht in die PSI-Geschäfte einmischte. Den Mitarbeitern wurde die Pensionierung so mitgeteilt wie bei allen Pensionierungen: Im Informationsblatt „PSI-aktuell" erschien in der Liste der Pensionierungen ohne weitere Angaben der Eintrag „Blaser, Jean-Pierre" sowie das Rücktrittsdatum 31. März 1990, und darunter der Satz: „Wir danken den genannten Mitarbeitern herzlich für die geschätzte Arbeit und wünschen Ihnen im Ruhestand alles Gute."

14. Die wissenschaftspolitische und wissenschaftliche Bedeutung des SIN

Der Schaffung des SIN lag in den 1960er Jahren die Idee zugrunde, in der besonders aufwendigen Forschung in Kern- und Teilchenphysik die landesweiten Anstrengungen zugunsten eines rationellen Einsatzes der Forschungsmittel zu konzentrieren, ohne in die föderalistische Struktur der schweizerischen Forschung und Lehre einzugreifen.

Das SIN verzeichnete in den rund zwanzig Jahren seines Bestehens anerkannte Spitzenleistungen, sowohl was die Forschung als auch was die technologische Entwicklung bei den Anlagen betraf. Bei der Forschung, die wesentlich von externen Benützern mitgetragen wurde, boten die Anlagen des SIN die Möglichkeit, im Bereich der Kern- und Teilchenphysik bisher neue Präzisionsmessungen durchzuführen und vom Standardmodell verbotene Ereignisse zu untersuchen. Verschiedene Naturkonstanten konnten somit genauer eingegrenzt werden als dies bisher möglich gewesen war. Auch die Erforschung von Strukturen in Festkörpern und Flüssigkeiten mit Müonen wies Erfolge aus.

Bei seiner Pensionierung überreichten die Benützer dem scheidenden Jean-Pierre Blaser eine beachtliche Sammlung von vier Bänden mit mehreren Hundert Publikationen von Arbeiten, die an den Anlagen des SIN in den 1970er und 1980er Jahren durchgeführt worden waren.

Die Zahl der Publikationen zwischen 1974 und 1987 betraf rund 240 Arbeiten in Kernphysik, rund 50 in Teilchenphysik, rund 60 in Atom- und Molekularphysik sowie rund 140 in Müonenphysik. In der Blütezeit der Mittelenergie- und Müonenphysik sind somit rund 50 Artikel pro Jahr publiziert wurden. Es handelt sich dabei fast durchwegs um namhafte internationale Journals, und oft wurde von den Autoren das SIN speziell verdankt. Bemerkenswert sind auch die Kollaborationen, die aus der Liste der Autoren hervorgehen.

Diverse dieser Publikationen standen vermutlich im Zusammenhang mit Doktorarbeiten. Für die Doktorandenausbildung erwies sich das SIN als sehr attraktiv: Es bot eine Alternative zum CERN, bei dessen Experimenten oft Hunderte von Autoren beteiligt waren und der einzelne Wissenschafter, insbesondere auch der Doktorand, in dieser Masse kaum sichtbar wurde.

Als sehr erfolgreich dürfen auch die Anwendungen – Krebstherapie mit Teilchen, Positronenemissionstomografie, Supraleitung, die Spallationsneutronenquelle – bezeichnet werden. Schliesslich geht auch die Synchrotronquelle Schweiz (SLS), die vom Nachfolgeinstitut PSI erbaut wurde und betrieben wird, auf die Initiative des SIN zurück.

Wichtige eher technologische wissenschaftliche Beiträge des SIN betreffen die Entwicklung an Zyklotronen sowie an Detektoren. Schätzungsweise zehn Dissertationen wurden im Rahmen der Maschinenentwicklung durchgeführt. Den Beschleunigerkonstrukteuren und -betreibern des SIN, später des PSI, gelang es, bei den vergleichbaren Anlagen mit der Maschinenleistung die Weltspitze zu erreichen.

Schon die Realisierung der Beschleunigeranlagen des SIN, so wie ursprünglich konzipiert wurde, war keine Selbstverständlichkeit. Obschon man sich weltweit auf Erfahrungen mit ähnlichen Anlagen stützen konnte, stellten die Anlagen des SIN Pionierleistungen dar. Es musste lange damit gerechnet werden, dass sie nicht oder nicht so gut wie erhofft verwirklicht werden konnten. Dass es den SIN-Spezialisten gelang, die Leistung gar um hohe Faktoren zu steigern, ist auf ihre fachliche Eignung, gepaart mit Selbstvertrauen, zurückzuführen. Der Direktion ist es zu verdanken, dass sie hoch qualifizierte Fachleute ans SIN holt und diesen eine Atmosphäre bot, in der sie ihre Ideen verwirklichen konnten.

Bild 66: Im Kontrollraum 1974: Jean-Pierre Blaser, Hans Willax (am Logbuch) und Urs Schryber (am Steuergerät) bei der Einstellung des Protonenstrahls.

Wie Werner Joho zusammenfasste, gelang es den Beschleunigerphysikern dank vier Massnahmen – Verbesserung der Strahlqualität des Injektors, Flattop-Kavität, exzentrischer Einschuss, erhöhte Beschleunigungsspannung dank Kupferkavitäten –, den Strahlstrom von den ursprünglich geplanten 100 Mikroampere bis auf einen momentanen Wert von 2'400 Mikroampere zu erhöhen. Trotz dieser massiven Steigerung sanken die absoluten Verluste bei der Extraktion um einen Faktor 10 auf 0.5 Mikroampere. Dadurch konnte auch die induzierte Radioaktivität in Grenzen gehalten werden. Dies erlaubt es auch heute noch, kritische Komponenten des Zyklotrons ohne komplexe Manipulatoren manuell zu warten. Es gibt viele Beschleuniger mit einer höheren Energie als die 590 MeV des Ringzyklotrons. Doch seine mittlere Strahlleistung von 1.4 Megawatt ist immer noch ein erstaunlicher Weltrekord, wenn man bedenkt, dass diese Maschine des SIN bzw. des PSI seit 1974 in Betrieb ist!

Ungewöhnlich war auch, wie sich die Direktion des SIN in den zwanzig Jahren des Bestehens des Instituts wissenschaftspolitisch betätigte. Ungewöhnlich deswegen, weil die für die Wissenschaftspolitik zuständigen Gremien und Behörden die Direktion eines Instituts – nach einer allfälligen Anhörung – eher als Objekte ihrer Politik denn als Mitspieler verstehen. Im Lauf der Jahre ergriff das SIN erfolgreich verschiedene Initiativen, welche sich weit über das Institut hinaus auswirkten und oft anderen Institutionen Nutzen brachten (siehe Kapitel 10).

Ein kaum messbarer Erfolg des SIN-Konzepts lag schliesslich darin, dass das Institut Wissenschafter aus der Schweiz und aus vielen europäischen und aussereuropäischen Ländern zusammenbrachte, die sich aufgrund ähnlicher Interessen zusammentaten, um Experimente in Kollaborationen durchzuführen. Sie taten dies in ihren jeweiligen Fachgebieten. Da das SIN jedoch ein breites Spektrum von Fachgebieten in der Physik und darüber hinaus bearbeitete, führte es auch verschiedene wissenschaftliche Disziplinen zusammen. Und Entwicklung sowie Betrieb der Grossanlagen für die Forschung bedingten ein enges Zusammengehen von Wissenschaftern mit Ingenieuren und Technikern.

Dass ein so komplexer Betrieb wie das SIN, wo immer wieder neue technische und organisatorische Probleme zu lösen waren, effizient und produktiv lief, war ebenfalls keine Selbstverständlichkeit. Entscheide wurden oft von schwierigen technischen und wissenschaftlichen Faktoren bestimmt, sodass klassische Führungsprinzipien wenig halfen. Wie es der Direktor, Jean-Pierre Blaser, im Jahresbericht 1984 (zum zehnjährigen Jubiläum des Strahlbetriebs) formulierte: „Zentral muss hier der Mensch sein, mit seinem hohen fachlichen Wissen und seiner Bereitschaft zur Leistung. Dass diese Eigenschaften in unserem Institut auf allen Stufen so ausgeprägt sind, ist das Verdienst jedes einzelnen Mitarbeiters. Dafür möchte ich allen Bewunderung und Dankbarkeit ausdrücken.“

Ein persönlicher Rückblick von Jean-Pierre Blaser

I   *Erfolgselemente des SIN*

Selbst-Organisation und schlankes Management

Bei der Realisierung der SIN-Anlage stellten sich wegen ihrer Grösse und ihres neuen Beschleunigerprinzips mit weit höherer Strahlleistung als bisher besondere Probleme. Alle Gebiete – Teilchendynamik, Magnete, Hochfrequenzanlage, Vakuumsystem, Abschirmung und Strahlenschutz, und natürlich die Forschungsvorhaben als Hauptzweck – waren so eng verknüpft, dass es für alle Beteiligten entscheidend war, ein genügendes theoretisches und technisches Verständnis des Gesamten zu haben. Das bei grossen industriellen Vorhaben übliche Aufteilen in stufenweise zu verbessernde Prototypen durch spezialisierte Ingenieure entfiel, da sozusagen die Prototypen sogleich voll betriebsfähig sein mussten.

Das führte dazu, das die Organisation des Projekts sich schnell und fast von selbst bildete, und zwar um eine Zahl von Fachleuten herum, die mit breitem theoretischem und technischem Wissen und starkem Leistungswillen automatisch Führungsaufgaben übernahmen. Es handelte sich zumeist um junge Physiker, die zwar ohne Erfahrung, aber mit Begeisterung und grossem Können die neuartigen Fragen anpackten. So entstand eine natürliche Hierarchie, die – anders als sonst – ohne Anciennität, Diplome, Titel oder Expertenstatus auskam.

Das trug dazu bei, dass am SIN ein extrem schlankes Management mit sehr wenig „Papier" entstehen konnte. Besonders war dieses jedoch dem Organisationstalent von Wilfred Hirt zu verdanken. Er setzte durch, dass Entscheide in informellen Diskussionen zwischen den Verantwortlichen vorbereitet wurden, bis man sich über Ziele, Vorgehen und mögliche Probleme einig war – er nannte das sinngemäss „die unité de doctrine herstellen". Da alle gleich dachten, lief die Umsetzung der Beschlüsse einvernehmlich ab, und es erübrigten sich die sonst üblichen formellen Protokolle und Weisungen.

Aussergewöhnliche Mitarbeiter

Dieses Umfeld ermöglichte eine Reihe von ungewöhnlichen Karrieren von Mitarbeitern, die mit innovativen Ideen wichtige Vorhaben am SIN initiierten. Von den zahlreichen Beispielen seien hier nur wenige herausgegriffen:

1. Walter Fischer arbeitete zuerst in der Theorie-Gruppe. Er wurde später Schichtleiter des Beschleuniger-Betriebs und schliesslich der Initiator und Realisator der Spallationsneutronenquelle SINQ. Dank seines Könnens und seines persönlichen Einsatzes, gepaart mit einem beachtlichen organisatorischen und politischen Durchsetzungsvermögen, waren ihm erhebliche wissenschaftliche und technologische Erfolge beschieden.

2. Charles Perret war Mitglied der Gruppe, die sich mit Konzeption und Aufbau der neuartigen Strahlführungen, Targetstationen und experimentellen Anlagen befasste. Er entwickelte sich dabei zum führenden Experten für die schwierigen Probleme von Radioaktivität, Abschirmung und Strahlenschutz. Dabei erkannte er die Möglichkeit, den Protonenstrahl des Injektors I für die Behandlung von Augenmelanomen zu nutzen. Es gelang ihm, die medizinische Mitarbeit zu organisieren und die technisch innovative Anlage OPTIS zu bauen, das erste wirklich klinische, erfolgreiche Therapieprojekt mit Teilchenstrahlen in Europa.

3. Georg Vecsey entwickelte sich schnell und selbständig zum führenden Spezialisten für Kryogenie und Supraleitung am SIN. Er erfasste die enormen Möglichkeiten dieser neuartigen Magnettechnik und entwickelte insbesondere originelle Konzepte für den Müonenkanal und die Bestrahlungsanlage Piotron. Mit seiner Grossanlage SULTAN setzte er internationale Massstäbe in der technologischen Entwicklung von supraleitenden Materialen. Und nebenbei erfand er mit einem Ingenieurpartner zusammen den neuartigen Heizreaktor GEYSER.

Bild 67: Jean-Pierre Blaser mit Mechaniker in der Werkstatt

Ein solches Aufblühen von persönlichen Fähigkeiten und Leistungswille war am SIN aber nicht nur auf wissenschaftlich-technische Gebiete beschränkt. Frau Christine Bertsch, zum Beispiel, entwickelte aus ihrer Sekretariatätigkeit heraus selbständig ein professionelles Reisebüro. Und zusätzlich kümmerte sie sich mit grossem menschlichem Einfühlungsvermögen und in aufopfernder Weise um die vielen

Gastwissenschafter, die aus der ganzen Welt ans SIN kamen. Das war nicht immer einfach: Wie organisiert man etwa Reise, Unterkunft und Lebensbedingungen für einen zum Studium der Teilchentherapie ans SIN geschickten japanischen Arzt, der sich, eventuell noch mit seiner Familie, plötzlich in einem deutschschweizer Dorf wiederfindet? Zu betreuen waren zudem Wissenschafter aus der Sowjetunion, die sich in unserer freien Kultur zuerst zurechtfinden mussten, aber auch Doktoranden mit finanziellen Problemen. Nicht selten sagten die dankbaren Gäste: „Die wichtigste Person am SIN war für mich die Frau Bertsch!"

Fördernde, nicht bremsende Oberbehörden

Ein besonderes Glück für das SIN waren das Verständnis und die Unterstützung der vorgesetzten Behörden, anfangs von Schulratspräsident Hans Pallmann und Vizepräsident Claude Seippel, später von Heinrich Ursprung in seiner Funktion als ETH-Präsident, dann als Präsident des ETH-Rats. Auch er war kein Freund von bürokratischen Methoden, wie das folgende Beispiel illustriert:

Nachdem Ursprung beschlossen hatte, den Tandem-van de Graaff-Beschleuniger auf dem Hönggerberg aus Kostengründen zu schliessen, aber nachher doch dem Vorschlag des SIN zustimmte, mit der Anlage unter teilweiser Übernahme der Kosten durch das SIN weiterhin Beschleuniger-Massenspektrometrie zu betreiben, erklärte er mir, es genüge, wenn am Eingang zum Gebäude ein Schild „BMS-Laboratorium des SIN" aufgehängt werde. Mit so entwaffnend klaren Beschlüssen brauchte es dann nicht mehr viele administrative Regelungen.

Verständnisvolle Bundesstellen

Dass derartige Fragen schnell und pragmatisch gelöst werden konnten, war lange Jahre auch auf das grosse Wohlwollen des Eidgenössischen Finanzdepartements für das SIN zurückzuführen.

Unser Personalwesen war ziemlich komplex und entsprach in grossen Teilen nicht den Kategorien des Bundespersonalrechts. Da gab es Assistentenstellen, Zustupf für Doktoranden von anderen Hochschulen – oft aus ärmeren Ländern, Stipendien für Auslandsaufenthalte, kürzere oder lange Einladungen an Gastwissenschafter aus sehr verschiedenen Ländern. Zudem benötigte das SIN für den Aufbau der Anlagen manchmal schnell teure Fachleute mit speziellem Wissen. Da viele Entwicklungen als Projekte abliefen, also Unternehmen mit einem Anfang und einem Ende darstellten, war es zudem klar und unbestritten, dass viele Anstellungen befristet sein mussten.

Als schliesslich die Anlage lief, erforderten die grossen Investitionen, dass sowohl Beschleuniger als auch Experimente 24 Stunden pro Tag und 7 Tage pro Woche zu betreiben waren (die einzige Ausnahme war die Betriebseinstellung an Weihnachten, welche es erlaubte, die Radioaktivität in den Anlagen vor dem grossen jährlichen Shutdown abklingen zu lassen). Dabei ergaben sich Anforderungen wie

Schichtdienst und Pikett-Dienste für Reparaturen. Das SIN musste zudem Schlaf-
möglichkeiten im Gästehaus, eine Verpflegung sowie den Zugang zur Werkstatt,
zum Materiallager und Transportmöglichkeiten rund um die Uhr bereitstellen. Die
Bundesregelungen für die Erfassung der Arbeitszeit mittels Stempeluhr, Zulagen
und Zeitkompensationen erwiesen sich hierbei nicht unbedingt als sinnvolle Lösung. Dass ein derartiger Betrieb trotzdem funktionierte, war darauf zurückzuführen, dass alle mit Begeisterung und enormem Leistungswillen mitmachten. Kaum
jemand fand den Status des Bundesbeamten erstrebenswert, obwohl dies möglich
war. Das Finanzdepartement zeigte Verständnis für diese Sonderstellung, auch weil
das SIN-Personal damit einverstanden war, und liess das Institut gewähren.

Bild 68: Der neue Kontrollraum, November 1987. Der Kontrollraum war rund um die Uhr
besetzt.

Die Unterstützung des Finanzdepartementes war auch bei den Beschaffungen wichtig. Es waren ja viele, teils millionenschwere Aufträge an Firmen abzuwickeln, und,
da teils spezifische Techniken nötig waren, oft im Ausland. Wegen der anspruchsvollen Spezifikationen, die manchmal noch an die laufenden Entwicklungen angepasst werden mussten, ergaben sich oft schwierige Situationen mit Streit über
Garantieleistungen oder Erfüllung der Spezifikationen. Ein typischer derartiger
Fall war der Auftrag an eine spezialisierte Firma in Kalifornien für eine Serie von

Strahlführungsmagneten. Die Magnete waren fertiggestellt, aber bevor sie geliefert werden konnten, geriet die Firma in ein „Chapter 11"-Konkursverfahren, und die Lieferung wurde durch die amerikanische Justiz gesperrt. Das zu lösen war für ein Forschungsinstitut aus der kleinen fernen Schweiz, das keine eigenen Juristen hatte, nicht trivial, aber es gelang. Auch hier gab es vom Finanzdepartement keinerlei Vorwürfe, sondern Hilfe, insbesondere von dessen Juristen Dr. Schneeberger, der das SIN sehr schätzte.

Sicherheit nicht als Selbstzweck

Einfache Vorgehensweisen wurden am SIN auch in Sicherheitsbelangen angestrebt. Gefahren gab es viele angesichts extrem schwerer Komponenten wie Magnete und Abschirmungen, starker Magnetfelder, Hochfrequenz-Generatoren hoher Leistung, Vakuumanlagen und natürlich vor allem wegen der intensiven Teilchenstrahlen und der von ihnen induzierten Radioaktivität in Beschleunigern, Strahlführung und Targetstationen. Viele Gefahrpotenziale hingen miteinander eng zusammen und waren je nach Betriebssituation verschieden. In diesen komplexen Situationen war es nicht leicht, mit den üblichen Methoden, das heisst mittels umfangreicher Reglemente mit Grenzwerten, Vorschriften und Verboten Sicherheit zu gewährleisten. Die Direktion setzte daher eher darauf, für Sicherheitsfragen Mitarbeiter einzusetzen, die durch ihr physikalisches und technischen Wissen und ihre Erfahrung im Forschungsbetrieb in der Lage waren, die wirklichen Gefahrensituationen zu erkennen und zu beurteilen. Das vermied auch den bekannten Effekt, dass zu stark reglementierte Vorschriften oft ein offensichtlich ungefährliches Vorgehen verbieten, was das Sicherheitsbewusstsein abstumpft. Mit diesem Vorgehen war auch die Aufsichtsstelle – das Bundesamt für Gesundheit – zufrieden. Dieses Amt war übrigens auch für das CERN zuständig, wo eine gute, aber eben auch möglichst liberale Strahlenschutzpolitik verfolgt wurde.

Zusammenfassung

Gesamthaft gesehen verdankt das SIN seine Erfolge dem engagierten Einsatz seiner Mitarbeiter sowie dem Wohlwollen externer Stellen, die alle die Pionierleistung und ein Vorgehen mit einem vernünftigen Mass viel höher einschätzten als Reglemente und Vorschriften, welche jegliche Initiative im Keim ersticken.

II   Die richtigen wissenschaftspolitischen Weichenstellungen

Die erfolgreiche Entwicklung des SIN zeigt deutlich, wie wichtig es ist, die richtigen wissenschaftspolitischen Entscheidungen zu treffen.

Der Schulrat will das hohe Niveau der ETH beibehalten

Das fing beim Berufungsverfahren für die Nachfolge Scherrer an. Schulratspräsident Pallmann wünschte, dass die international anerkannte Stellung, welche die ETH durch Scherrers Initiative in Kernphysik und Beschleunigertechnik erreicht hatte, fortgesetzt wurde. Die Basis dafür war die Zyklotronplanungsgruppe. Doch in den Berufungsgesprächen, die Pallmann mit mir führte, erklärte er mir nicht, was ich zur Pflege von Scherrers Erbe zu unternehmen habe. Er signalisierte mir lediglich durch die Bemerkung „d'ETH wott Rössli wo ziend", dass auch grosse Projekte willkommen waren. Pallmann wusste eben, was eine gute Hochschule in der Forschung braucht: Erneuerung, nicht unbedingt Bewahren. Damit gab er mir freie Hand, um den Schritt zur Teilchenphysik zu tun.

Der Schritt zur Teilchenphysik drängt sich auf

Die erste Weichenstellung, an der ich mich beteiligen konnte, war die Abkehr von der reinen Kernphysik, die inzwischen überall intensiv erforscht wurde, weil die Physikinstitute der grösseren Universitäten die dafür notwendigen Anlagen selbst betreiben konnten. Während die Teilchenphysik bei Spitzenenergien klar nur in grossen Forschungszentren bedeutender Länder wie USA und Sowjetunion oder an internationalen Laboratorien wie dem europäischen CERN möglich war, erschien das Energiegebiet bis 1000 MeV, später Mittelenergiephysik genannt, besonders interessant. Die erste Maschine am CERN, das Synchrozyklotron, hatte in diesem Bereich schon wichtige Ergebnisse gebracht und auch gezeigt, dass sich mit den Mesonen interessante Anwendungen in anderen Gebieten der Wissenschaften abzeichneten.

Diese Situation hatte in Europa zum Vorschlag des ECFA (European Committee for Future Accelerators) geführt, eine Mesonenfabrik zu bauen, eine Beschleunigeranlage hoher Leistung, deren Strahlen von Pi- und Mü-Mesonen als Werkzeuge eingesetzt werden konnten. Zwei entsprechende Projekte waren in den USA und in Kanada in Vorbereitung, und auch die BRD hatte entsprechende Studien begonnen.

Die Schweiz wagt sich an eine Mesonenfabrik

Die zweite Weichenstellung war dann der Vorschlag, eine solche Anlage unter Führung der ETH in der Schweiz zu realisieren. Das erschien manchen als überheblich, ja grössenwahnsinnig. Aber die Voraussetzungen waren gut, und der Standort des CERN in Genf wirkte sich positiv aus.

Eine weitere Weichenstellung drängte sich wegen der Grösse eines solchen Unternehmens auf. Entweder war ein grosses, spezialisiertes Forschungsinstitut des Bundes zu schaffen, oder es erfolgte der Schritt zu einem nationalen Forschungszentrum, das zwar von der ETH gebaut und betrieben, aber wissenschaftlich allen Universitäten „gehören" würde. Das weckte in der Schweiz mit ihren föderalen Hochschulstrukturen natürlich einigen Widerstand, aber auch Begeisterung, ganz besonders bei den kleineren Universitäten und in der Westschweiz.

Die neu zu schaffende Institution war also klar als Benützerlabor konzipiert, ein Labor, in dem die Forschung von externen Benützern durchgeführt wird. Aber nicht nur. Claude Seippel, der Präsident der Baukommission des SIN, unterstützte die Direktion und entschied, dass das SIN selbst ebenfalls einen Forschungsauftrag haben müsse. Das führte zu gemischten Forschungsgruppen mit freundschaftlichen Beziehungen. In diesen Gruppen waren die lokalen SIN-Mitarbeiter oft besonders wichtig bei der Entwicklung der Messapparaturen und der zugehörigen Strahleinrichtungen. Trotzdem entstanden viele Forschungsgebiete, die hauptsächlich von Universitätsinstituten geführt wurden.

Dann fiel, nach langen Überlegungen, der Beschluss zum Standort Villigen. Dieser war sicher richtig, er betonte den nationalen Charakter und ermöglichte später auch die Fusion mit dem EIR zum PSI.

Die allerwichtigste Entscheidung war natürlich die Wahl des Beschleunigers. Da die eingeholten industriellen Vorschläge nicht überzeugten und auch die Übernahme der Konzepte von Los Alamos (Linac) oder Vancouver (H-minus Ionen) aus finanziellen und räumlichen Gründen, aber auch von der Leistung her wenig zweckmässig erschien, kam der Vorschlag von Hans Willax zum Zug. Es war ein völlig neues Zyklotron-Konzept, kompakt und damit kostengünstig, mit grossem Leistungspotenzial, aber als Neuentwicklung riskant. Dieser Entscheid wirkte sich langfristig sehr positiv aus. Im Jahr 2014 wird der Beschleuniger vierzig Jahre lang einen grossen Nutzen für die Forschung erbracht haben.

Ein grosses Vorhaben ruft Gegner auf den Plan und fordert entschlossenes Handeln

Wie reagierte das Umfeld auf diese Entscheide? Vom starken Widerstand einiger Universitäten wurde oben berichtet. Aber auch innerhalb der ETH gab es Opposition. Die Kernphysiker fürchteten, dass der Übergang zur Forschung an einem grösseren Zentrum die historisch so erfolgreiche Forschung mit Eigenanlagen des Instituts gefährden würde. Und die Festkörperphysiker waren von einem derart grossen Vorhaben eher erschrocken. Die Industrie, welche an den Tätigkeiten der ETH immer besonders interessiert war, anerkannte das Projekt zwar als attraktiv, bezeichnete aber die Forschungs-Zielsetzungen als nicht den Bedürfnissen der Wirtschaft entsprechend.

Offensichtlich war es für den Schulratspräsidenten nicht einfach, das neue Projekt im Schulrat und dann beim zuständigen Bundesrat als wünschbares Unternehmen zu vertreten. Hier erwies sich als entscheidend, dass die theoretischen Physiker die damalige dynamische Entwicklung von der Kern- zur Teilchenphysik hin als wissenschaftspolitisch sehr wichtig beurteilten. Sie nahmen dazu klar Stellung, und insbesondere der Einsatz von ETH-Professor Res Jost hatte grosses Gewicht.

Schliesslich war es Bundesrat Tschudi, der, in vollem Vertrauen in Schulratspräsident Pallmann und die Projektleitung die persönliche Verantwortung übernahm, das grosse Unternehmen im Bundesrat und dann im Parlament zu vertreten und für die Bewilligung der Mittel zu sorgen. Bemerkenswert ist aus heutiger Sicht, dass

Tschudi als Sozialdemokrat aus Überzeugung die Schaffung eines Schweizerischen Instituts für Nuklearforschung befürwortete, ebenso wie es der sozialdemokratische Bundesrat Spühler gewesen war, der mit persönlichem Einsatz den Bau von Kernkraftwerken erwirkte, um die sonst unvermeidliche Stromerzeugung mit fossilen Brennstoffen zu verhindern.

Forschungspolitik ist ein steiniger Weg, aber man soll nicht aufgeben

Nachdem auch im Parlament das für unser Land neuartige und ungewöhnlich grosse Projekt Wohlwollen fand und die Kredite bewilligt wurden, ging der Aufbau des SIN zügig voran. Die Beteiligten bewältigten die erheblichen technischen Herausforderungen bei der Entwicklung der Beschleunigeranlage und beim Aufbau der neuartigen Strahlführungen und Forschungseinrichtungen mit viel Können und selbständigen Initiativen grossartig.

Die Forschungspolitik mit der Festlegung von Zielen bei Forschungsgebieten und neuen Forschungstechniken war die wichtigste Aufgabe der Institutsleitung. Deren Leitidee war von Anfang an, dass neben dem vom Stand der Teilchenphysik bestimmten Forschungsprogramm einer Mesonenfabrik früh auch Anwendungen in anderen Wissenschaften initiiert werden sollten. Wie weiter oben beschrieben waren das vor allem die Verwendung von Müonen in der Festkörperphysik und Chemie, die Neutronenstreuung mittels Spallationsquelle, die Radiotherapie mit Pionen und Protonen sowie die Anwendung von PET in der Nuklearmedizin. Frühzeitig organisierte das SIN internationale Tagungen zu diesen Initiativen und knüpfte entsprechende internationale Kontakte. Die Initiativen wurden mit grossem Interesse aufgenommen, führten im Ausland gar zu wissenschaftspolitischen Entscheidungen, aber in der Schweiz liess sich das wissenschaftliche „Establishment" oft erst zum Mitmachen bewegen, wenn sich ein Erfolg abzeichnete.

Manchmal waren es aber auch die jungen Forscher, die bremsten. Die das SIN nutzenden Kern- und Teilchenphysiker vertraten zum Beispiel die Ansicht, den neuen Injektor brauche es nicht, die vorhandenen Strahlen genügten ihnen.

Und dass es mit der institutsübergreifenden Koordination oft hapert, zeigte sich beim CERN. Zwar hatte das ECFA den Bau einer europäischen Mesonenfabrik als Nachfolge des viel schwächeren CERN-Synchrozyklotrons empfohlen. Als die SIN-Anlage erfolgreich den Betrieb aufgenommen hatte, stellte sich im „Scientific Policy Committee" des CERN – ich war damals Mitglied – die Frage nach der Stilllegung des Synchrozyklotrons. Plötzlich gab es jedoch viele Gründe, auf die Maschine nicht zu verzichten. Böse Zungen zitierten Argumente wie „am CERN ist die Bibliothek besser als am SIN", und „das SIN zahlt den Benützern geringere Reisespesen"...

Die Beispiele zeigen, dass Forschungspolitik ein steiniger Weg ist, aber man sollte nicht aufgeben. Oftmals genügt es nicht, das zu tun, was das „Establishment" wünscht. Aber auch demokratische Abstimmungen bei den Forschern selbst würden oft zum falschen Ergebnis führen.

Bild 69: ... ein steiniger Weg: Baustelle 1970

Für die Meinungsbildung sind die Forschenden wesentlich

Bei der Meinungsbildung spielten die Benützer eine wichtige Rolle, insbesondere deren verschiedene Komitees, die auch bei der Zuteilung von Strahlzeit an die Experimente aktiv beteiligt waren. Ferner waren auch international besetzte Gremien wie die Wissenschaftliche Kommission des SIN wichtige Berater. Es entstanden dabei viele fachlich und menschlich erfreuliche Kontakte, gerade auch anlässlich der zahlreichen Nachsitzungen, zu welchen Frauke Blaser immer grosszügig einlud. Indessen blieben alle diese wertvollen Gremien beratend. Entscheidung und Verantwortung lagen bei der Institutsleitung.

Die Benützung der SIN-Anlagen lief bestens, die Zahl der vorgeschlagenen Experimente überstieg immer stark die verfügbare Strahlzeit, und besonders gross war auch das internationale Interesse an der Nutzung des SIN. Das beeindruckte den

Schulratspräsidenten Jakob Burckhardt, der diplomatische Erfahrung hatte, sehr, und er sagte mir beglückwünschend, das SIN sei wirklich eine „réussite" geworden.

Auch Forschungsgebiete gehen zu Ende

Es war anfangs der 1980er Jahre klar, dass das Haupt-Forschungsgebiet, das die Mesonenfabrik des SIN eröffnet hatte, nach 20 Jahren soweit ausgeschöpft sein würde, dass ein neues, grösseres Vorhaben nötig wäre, sollte das Institut auch international weiter an der Spitze mitspielen können. Und das musste es auch, denn um nur provinzielle Forschung zu betreiben, wäre der Aufwand dafür viel zu hoch.

Wie erwähnt wurde die Idee einer Kaonenfabrik von vielen Benützern als attraktive Möglichkeit gesehen. Für die Teilchenphysik sind Kaonen tatsächlich von grossem Interesse, aber die kurzen Lebensdauern machen Strahlen, wie sie bei Pionen und Müonen für Anwendungen zur Verfügung standen, kaum möglich.

Dann schlug Ralph Eichler eine B-Mesonenfabrik, basierend auf einem Elektronenbeschleuniger, vor. Die teilchenphysikalischen Fragen waren klar von grosser Bedeutung. Negativ war der relativ enge Forschungsbereich, sodass sehr früh bei den Diskussionen der Institutsleitung „Synchrotronstrahlung" an der Wandtafel stand. Deshalb untersuchte die Gruppe, die zum Studium des Elektronenbeschleunigers gebildet worden war, die Möglichkeit, diesen auch als „Lichtquelle" zu betreiben.

Die Entscheidung, welches der beiden Projekte dem Schulrat beantragt werden sollte, war schwierig. Die Benützer favorisierten die Kaonenfabrik, während die Institutsleitung die wissenschaftliche Bedeutung der B-Mesonenfabrik höher bewertete. Da deren zusätzliche Nutzung als Synchrotronstrahlungsquelle zudem gut ins Konzept der möglichst breiten Nutzung für Anwendungen entsprach, fiel der Entscheid für dieses Projekt. Das Projekt einer Kaonenfabrik wurde vom TRIUMF in Vancouver noch jahrelang weiter verfolgt, aber schliesslich doch nicht bewilligt.

Das SIN reichte das Projekt der B-Mesonenfabrik ein, doch der Schulrat bewilligte es nicht. Gründe waren das vergleichsweise enge Forschungsgebiet sowie das fehlende Interesse der Wirtschaft daran. Somit konnte am SIN die Forschung an wichtigen Fragen aus der Teilchenphysik nicht mehr das Hauptaufgabe sein.

Ein Benützerlabor für neue Forschungsgebiete

Wie ursprünglich konzipiert, blieb es das Ziel des SIN, grosse Forschungsanlagen für schweizerische und internationale Benützer mit Hochschulbezug zu betreiben. Anvisiert waren dabei Anwendungen aus möglichst verschiedenen Gebieten der Wissenschaft. Zu den bereits bestehenden oder sich in Entwicklung befindenden Anlagen für Müonen, Neutronen, der Beschleuniger-Massenspektrometrie sowie den verschiedenen medizinischen Nutzungen kam nun in natürlicher Weise die wichtige Möglichkeit der Forschung mit Synchrotronstrahlung hinzu. Die Gruppe, die zur Entwicklung des Elektronenbeschleunigers der B-Fabrik gebildet worden war, konnte direkt für das grosse Projekt einer „Swiss Light Source" eingesetzt werden. Schwieriger gestaltete sich die wissenschaftspolitische Zustimmung. Einige Universitäten lehnten die Grossanlage wegen der Kosten ab. Es ist vor allem Wilfred Hirt zu verdanken, dass er mit seinem Verständnis der wissenschaftlichen Grundlagen und mit seinem grossen politischen Geschick die unbedingt notwendige Zustimmung des Nationalfonds erreichte.

Was die Grossforschungsanlagen betrifft, so war ich auch im Hinblick auf die Fusion mit dem EIR der Meinung – die natürlich nicht immer geteilt wurde –, dass sich auch die ingenieurmässige Forschung an einem derartigen Institut auf Grossanlagen konzentrieren sollte. Dies wären beispielsweise in der Energieforschung Versuchsanlagen für Kernreaktoren, grosse Sonnenspiegel oder Hotlabors im Zusammenhang mit einem Forschungsprogramm für die nukleare Entsorgung. Für kleinere Experimente, bei denen die Mittel von Hochschulinstituten ausreichen, sind universitäre Gruppen innovativer, billiger und für die Ausbildung effizienter.

Zusammenfassung

Historisch wurde Wissenschaftspolitik immer sehr unterschiedlich gehandhabt, und es wird wohl so bleiben. Man denke etwa an die Unterdrückung von Galilei oder an Leonhard Euler, einen der grössten Mathematiker, die es je gab, der in seiner Heimatstadt Basel, obwohl gefördert von den ebenfalls bedeutenden Bernoullis, trotz vieler Versuche von der Universität für eine Anstellung abgewiesen wurde. Ermöglicht wurde Eulers unglaubliches Lebenswerk dann erst durch die Wissenschaftspolitik der damaligen Fürsten. Euler gelangte zuerst an die Akademie Peters des Grossen, dann wurde er von Friedrich dem Grossen nach Berlin eingeladen und schliesslich von Katharina der Grossen wieder nach St. Petersburg geholt. Wen fördern heute die Besitzer von Macht und Geld?

In unserer Zeit war das SIN ein eindrückliches Beispiel für die Wissenschaftspolitik: Wie in einem kleinen Land mit einer kurzen und unbürokratischen Entscheidungs-Hierarchie immer die richtigen Persönlichkeiten am richtigen Ort waren, stets bereit zu entscheiden, aber immer die wissenschaftliche Freiheit gewährend. Schön, ein Glücksfall und Grund zur Dankbarkeit.

Anhang 1: Fakten zum SIN

Gesamtinvestitionen

Wie in Abschnitt 2.4 angegeben, betrugen die anfänglichen Investitionen in die SIN-Anlage bis 1973 inklusive Landerwerb rund 137.5 Millionen Franken. Es handelt sich um Kredite in den ETH-Baubotschaften 1965 und 1972 sowie um einen Beitrag des Nationalfonds für den Injektor I. In den folgenden Jahren sprachen die Eidgenössischen Räte dem SIN innerhalb von ETH-Baubotschaften weitere Investitionen zu: 15.3 Millionen Franken für den Injektor II (Baubotschaft 1978); 7.4 für das Zentralgebäude (BB 1981); 11.3 für die Verlängerung der Experimentierhalle (BB 1983); 32.6 für die Spallationsneutronenquelle (BB 1987).

Bauobjekte, welche weniger als 2 Millionen Franken kosteten, wurden nicht per Botschaft beantragt, sondern aus dem jährlichen Budget des Amtes für Bundesbauten finanziert. Dies betraf (in Millionen Franken) zwischen 1980 und 1984:

Seitentrakte der Montagehalle (1.0)
Ausbau SULTAN-Halle und Helium-Kompressorstation (0.6)
Werkstatt und Lagerhalle (1.9)
Medizin-SULTAN-Gebäude und Ausbau Medizingebäude (2.1)
Isotopenlabortrakt (1.8)
Ausbau Leitungskanäle (0.9)
Diverse kleinere Umbauten (2.8)

Hinzu kam das von der Krebsliga gestiftete Gebäude für das Piotron im Umfang von rund 2 Millionen Franken.

Ab 1974 kamen die jährlichen Maschinenkredite hinzu, bis 1987 insgesamt rund 163 Millionen Franken. Diese dienten dem Ausbau der Beschleunigeranlagen, aber auch der ständig wechselnden, durch die Bedürfnisse der Experimentatoren gesteuerten Anpassung der Experimentierareale sowie der dazu gehörenden Forschungseinrichtungen wie Sekundärstrahlen und Detektoren.

Zusammengefasst ergeben sich für die Bauten und Anlagen des SIN von 1966 bis 1987 Gesamtinvestitionen von grob 380 Millionen Franken.

Die Entwicklung des SIN-Areals zeigt das nachfolgende Bild 70.

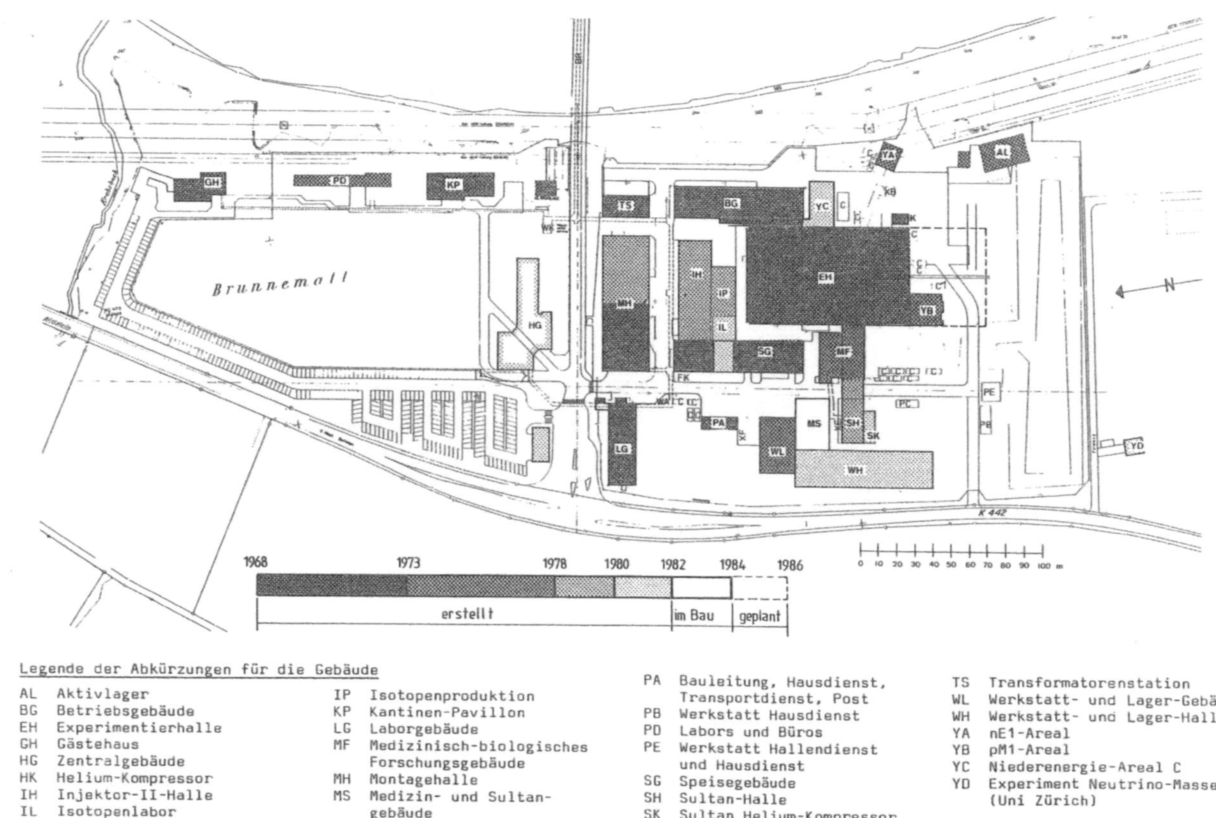

Legende der Abkürzungen für die Gebäude

AL	Aktivlager	IP	Isotopenproduktion	PA	Bauleitung, Hausdienst, Transportdienst, Post	TS	Transformatorenstation
BG	Betriebsgebäude	KP	Kantinen-Pavillon	PB	Werkstatt Hausdienst	WL	Werkstatt- und Lager-Gebäude
EH	Experimentierhalle	LG	Laborgebäude	PD	Labors und Büros	WH	Werkstatt- und Lager-Halle
GH	Gästehaus	MF	Medizinisch-biologisches Forschungsgebäude	PE	Werkstatt Hallendienst und Hausdienst	YA	nE1-Areal
HG	Zentralgebäude					YB	pM1-Areal
HK	Helium-Kompressor	MH	Montagehalle	SG	Speisegebäude	YC	Niederenergie-Areal C
IH	Injektor-II-Halle	MS	Medizin- und Sultan-gebäude	SH	Sultan-Halle	YD	Experiment Neutrino-Masse (Uni Zürich)
IL	Isotopenlabor			SK	Sultan Helium-Kompressor		

Finanzen

Bis 1973 wurden die Mittel zum Aufbau des SIN als Objektkredit von der Direktion der Eidgenössischen Bauten (D+B, später Amt für Bundesbauten AFB) geführt.

Erst 1974 erhielt das SIN ein eigenes Betriebsbudget. Die in der Tabelle dargestellten (gerundeten) Kennzahlen zeigen folgende Besonderheiten des SIN, verglichen mit anderen Institutionen im ETH-Bereich und weiteren Forschungszentren:

- Der relative hohe Anteil an Investitionen in die Maschinen ist charakteristisch für ein Institut, dessen Auftrag Bau und Betrieb von Grossforschungsanlagen beinhaltet. Der Sprung im Jahr 1980 sowohl im Gesamtbudget als auch beim Maschinenkredit entspricht einem Nachtragskredit von 9.3 Millionen Franken, mit welchem der Bund die dem SIN ausgeliehenen Stahlrohlinge für Abschirmungen finanzierte, um einen Fehlbetrag im Pflichtlager auszugleichen.

- Ebenfalls charakteristisch ist, dass der Anteil der Personalkosten an den Gesamtkosten bei 50% und darunter liegt. Bei den anderen Institutionen im ETH-Bereich liegt er eher bei 75%.

- Typisch für das SIN war der Anteil der nichtständigen Angestellten. Das liegt am Umstand, dass für den Bau von Anlagen ein anderes Berufsprofil nötig ist als für deren Betrieb. Mit diesem Vorgehen blieb die Direktion des SIN bei den Personalausgaben flexibel, im Gegensatz zu Instituten, bei denen Neueintritte zu Festanstellungen oder gar Verbeamtungen führten. Die Finanzierung von nichtständigen Angestellten aus dem Mischkredit „Unterricht und Forschung" war bei den ETHs normal. Da sich das SIN als Hochschulinstitut verstand, beanspruchte es dieses Vorgehen auch für sich als Annexanstalt. Das wurde von den Personalverbänden lange Zeit mit Misstrauen betrachtet – sie verlangten gar eine Verbeamtung der Angestellten.

- Die Zunahme des Gesamtkredits ist im Wesentlichen auf eine Zunahme beim Personal zurückzuführen.

- Die Einnahmen bestanden anfänglich aus den Beiträgen der BRD (namhaft) und Österreichs (eher symbolisch) zur Abgeltung der Benützung der SIN-Anlagen. Später kamen Beiträge an Forschungsprojekte hinzu, z.B. für LCT und SULTAN. Das Problem, dass die Einnahmen für medizinische Therapien direkt in die Bundeskasse flossen, weil sie keine Beiträge an Forschungsprojekte darstellten, löste das SIN durch die Gründung einer Stiftung. Diese betraf zuerst nur das von der Krebsliga gestiftete Piotrongebäude. Später wurde sie ergänzt, sodass sie die Therapiegebühren einnehmen und wieder den Forschungsprojekten zuteilen konnte.

Jahr	Gesamtbudget [MCHF]	Maschinen [MCHF]	Personal [MCHF]	Mitarbeiter gesamt	Mitarbeiter nichtständig	Einnahmen [MCHF]
1970	-	-	-	160	n.a.	-
1971	-	-	-	201	n.a.	-
1972	-	-	-	224	n.a.	-
1973	-	-	-	261	61	-
1974	32.1	12.9	10.5	274	60	2.6
1975	30.8	10.3	11.1	283	62	2.8
1976	33.2	10.1	11.5	289	63	3.9
1977	33.6	9.1	11.7	298	71	4.9
1978	35.2	10.0	12.1	306	77	4.8
1979	37.4	11.4	12.7	320	91	5.6
1980	48.1	21.1	13.5	333	104	5.6
1981	39.8	11.4	14.5	342	109	5.5
1982	42.0	11.4	16.0	357	n.a.	5.3
1983	46.0	10.7	16.6	369	140	5.1
1984	48.4	11.5	17.3	375	144	5.4
1985	47.5	11.4	17.9	369	138	5.2
1986	48.0	11.1	18.6	377	144	5.2
1987	50.9	11.5	18.5	427	196	5.2

Bild 71: Jährliche Ausgaben des SIN 1970 bis 1987. Vor 1973 wurden die Ausgaben aus dem Baukredit bestritten, und das Personal wurde von der ETH finanziert.

Lehrlingsausbildung

Das SIN legte Wert auf die Lehrlingsausbildung in diversen technischen Berufen. 1981 bildete es 8 Lehrlinge aus, 1983 bereits 13. Bis 1987 stieg die Zahl auf 16.

Öffentlichkeitsarbeit

Das SIN begann als erstes Institut im ETH-Bereich mit einer systematischen Öffentlichkeitsarbeit. Unter der Prämisse, dass das Institut von den Steuerzahlern in der Schweiz finanziert wurde und somit diesen gehörte, wurde ein Besucherwesen organisiert. Gruppen irgendwelcher Art, welche sich für das Institut interessierten, wurden durch die Anlagen geführt, wobei diese sowie die daran durchgeführte Forschung erläutert wurden. Als Besucherführer fungierten Wissenschafter und technische Angestellte des SIN sowie Angehörige der Direktion. Das Besucherwesen trug viel bei zum Verständnis, welches die Region dem SIN entgegenbrachte. Es schuf zudem Kontakte zwischen Wissenschaftern und Laien und zwang die Ersteren, allgemein verständlich über ihre Tätigkeit zu informieren.

Anlagenbetrieb

Die optimale Ausnützung der erheblichen Investitionen in die SIN-Anlagen – und bald schon der Ansturm durch die Experimentatoren – verlangten nach einem 24-Stunden-Betrieb an sieben Tagen pro Woche. Dazu trug auch bei, dass das Anfahren der Beschleuniger mehrere Tage benötigte. Das Betriebspersonal arbeitete in drei täglichen Schichten. Wo man auf Schichten verzichten konnte, wurde ein zuverlässiger Pikettdienst eingeführt, was Kosten sparte.

Die Arbeit der Experimentatoren wurde nicht geregelt, da diese zum grössten Teil von auswärts stammten.

Die Anlagen wurden jeweils an Weihnachten abgeschaltet, damit die entstandene Radioaktivität abklingen konnte. Nach den Weihnachtsferien begann ein mehrwöchiger Shutdown für Unterhalt, planbare Reparaturen und Erneuerungen.

Vor der Inbetriebnahme des Injektors II war jede vierte Woche dem Niederenergiebetrieb gewidmet. Danach konnte der Ringbeschleuniger dauernd eingesetzt werden.

Anhang 2: Organisation und Personal des SIN

Organigramme und Personal

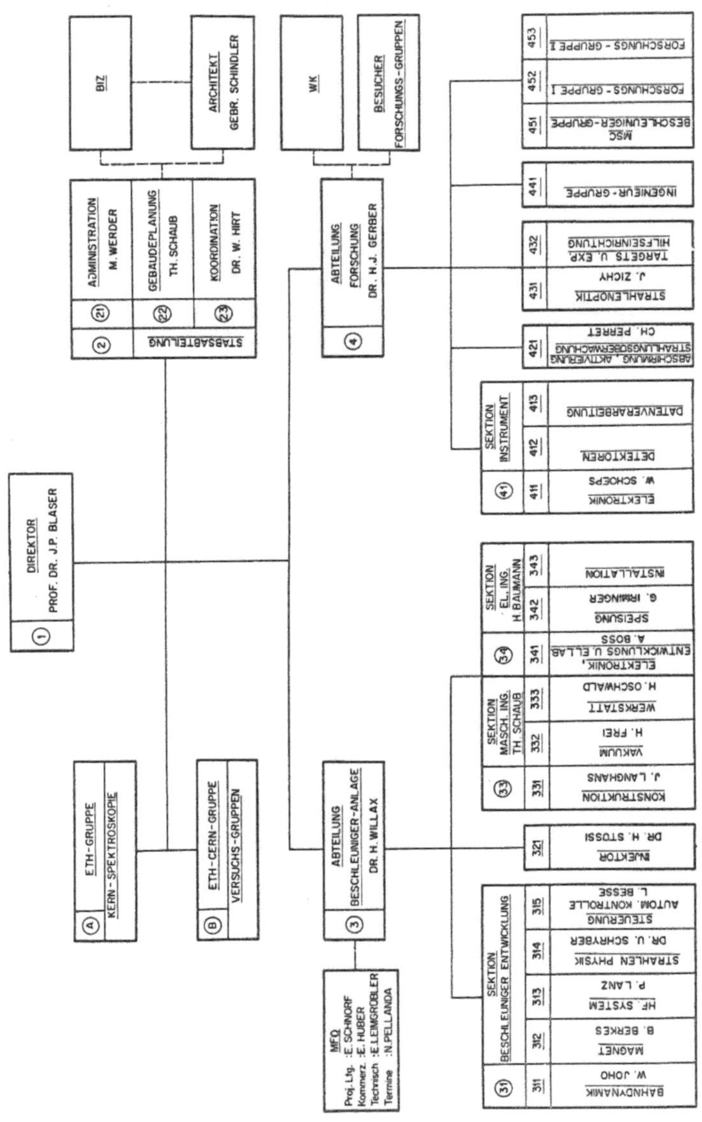

Bild 72: Organigramm 1969

Im Jahr 1969 zählte das SIN rund 100 Mitarbeiter. Die meisten davon waren an der ETH angestellt. Es existierte ein provisorisches Organisationsschema, das einer Projektorganisation entsprach, siehe Bild 72:

1970 arbeiteten am SIN bereits 148 Personen. Hierzu kamen weitere 12 Personen von der ETH und von Universitäten sowie von Firmen. Zu dieser Zeit war der Status des SIN-Personals noch nicht festgelegt. Es bestand die Absicht, das Personal in die Bundesverwaltung einzugliedern. Voraussetzung dafür war ein langfristig gültiger Vorschlag für die Organisationsstruktur des Instituts.

1970 schlug daher eine Subkommission der Baukommission des SIN, bestehend aus Professor Peter Preiswerk vom CERN und Fritz Grütter von der BBC (der früher am CERN tätig gewesen war und später zur Motor Columbus Ingenieurunternehmung wechselte) eine Grobstruktur für das Organigramm gemäss Bild 73:

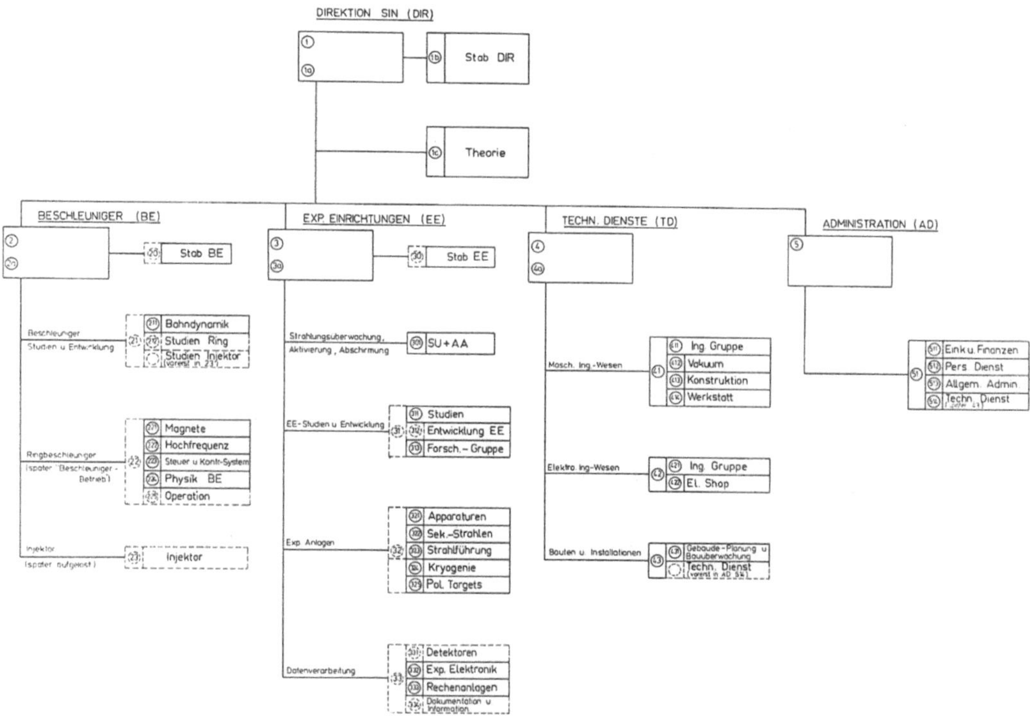

Bild 73: Organigramm 1970

Im Organigramm von 1970 stehen die Nummern der Organisationseinheiten. Die Funktionsträger sind im nächsten Bild 74 dargestellt.

Stelle im Organigramm	Funktion	Name
1	Direktor SIN	Blaser J.-P. Prof. Dr.
1a	Stellvertreter	Willax Hans Dr.
1b	Direktionsassistent	Hirt Wilfred Dr.
1c	Leiter Theorie	Scheck Florian Dr.
2	Leiter BE	Willax Hans Dr.
2a	Stellvertreter	Schryber Urs Dr.
211	Bahndynamik	Joho Werner Dr.
221	Magnete	Berkes Branko
222	Hochfrequenz	Lanz Paul
223	Steuer- und Kontrollsystem	Besse Ludwig
224	Physik BE	Schryber Urs Dr.
3	Leiter EE	Gerber Hans-Jürg Prof. Dr.
3a	Stellvertreter	Tschalär Christoph Dr.
301	SU + AA	Perret Charles
313	Forschungsgruppe	Pepin Mark Dr.
321	Apparaturen	Tschalär Christoph Dr., a.i.
322	Sekundärstrahlen	Frosch Reinhart Dr., a.i.
323	Strahlführung	Guignard Gilbert Dr.
324	Kryogenie	Vécsey Georg
325	Pol. Targets	Mango Salvatore Dr.
332	Exp. Elektronik	Schöps Wilfried
333	Rechenanlagen	Pepin Mark Dr., a.i.
4	Leiter TD	Willax Hans Dr., a.i.
4a 1	Stellvertreter Masch. Ing.-Wesen, Bauten und Installationen	Schaub Theo
2	Stellvertreter Elektro Ing.-Wesen	Baumann Hans
41	Chef. Masch. Ing.-Wesen	Schaub Theo
	Stellvertreter	Langhans Jürgen
412	Vakuum	Frei Hans
413	Konstruktion	Langhans Jürgen
414	Werkstatt	Oschwald Hans
42	Chef. Elektro Ing.-Wesen	Baumann Hans
	Stellvertreter	Irminger Gottfried
422	Elektro Shop	Boss Alfred
43	Chef. Bauten und Installationen	Schaub Theo, a.i.
	Stellvertreter	Mollet Emil
431	Gebäudeplanung und Bauüberwachung	Mollet Emil
5	Leiter AD	Werder Max
51	Leiter AD	Werder Max
	Stv. Personalbelange	Kijewski Cyrilla
	Stv. AD ausser Personalbelange	Nussbaumer Josef
511	Einkauf und Finanzen	Nussbaumer Josef
512	Personaldienst	Kijewski Cyrilla
513	Allgemeine Administration	Haller Felix
514	Technischer Dienst	von Ballmoos Willy

Bild 74: Organigramm 1970

1972 wurde die Abteilung Technik Urs Schryber unterstellt, während Direktionsassistent Wilfred Hirt interimsmässig die Leitung der Administration übernahm. Nach dem Ausscheiden der Vorgängerin wurde Max Schumm zum neuen Leiter Personaldienst ernannt.

1976 übernahm Frieder Lenz die Theoriegruppe von Florian Scheck.

1977 erliess der Bundesrat eine neue Verordnung zum SIN, die 1978 in Kraft trat. Diese veranlasste die Direktion, das Institut auf den 1. April 1978 neu zu organisieren. Die wichtigsten Änderungen betrafen:

> Die neue Funktion eines Stellvertretenden Direktors sowie einer Stabsstelle Forschung. Die erste übernahm Wilfred Hirt, die zweite Hans-Jürg-Gerber, der die Leitung der Experimentellen Einrichtungen an John Domingo abgab.
>
> Die Schaffung einer neuen Abteilung „Anwendungen/Projekte", deren Leitung Urs Schryber übernahm. Ihre Hauptaufgabe war vorerst die Entwicklung des Injektors II. Die Leitung der Abteilung Technik ging von Urs Schryber an Christoph Tschalär.
>
> Die Schaffung einer Abteilung „Direktionsstab/Administration", in der die entsprechenden Dienste zusammengefasst waren. Der neue Leiter war Peter Schwaller.
>
> Die Schaffung des Projekts Medizin unter der Leitung von Professor Carl F. von Essen. Deren Aufgabe war die Entwicklung der Krebstherapie mit Pionen.

Ausserdem wurde ein Personalausschuss gewählt, dessen erster Präsident Walter E. Fischer war.

1981 wurde die Organisation erneut angepasst. Nach dem Tod von Hans Willax übernahm Urs Schryber die Leitung der Abteilung Beschleunigung, die nun wieder für die Entwicklung des Injektors II verantwortlich war. Aufgrund neuer, gewachsener Aktivitäten wurden die Projekte „Supraleitung" unter Georg Vecsey sowie „Spallationsneutronenquelle" unter Walter E. Fischer gegründet. In beiden Fällen handelte es sich um grössere Programme mit einem zunehmenden Personalbestand.

1985 erfolgte ein Wechsel auf Direktionsstufe: Der Leiter des Medizinprojekts, Professor Carl von Essen, der dieses erfolgreich in die klinische Phase geführt hatte, verliess das SIN. Sein Nachfolger wurde Richard Greiner. Ausserdem übernahm das SIN die Gruppe „Beschleuniger-Massenspektrometrie (BMS)" von der ETH. Diese wurde weiterhin von Professor Willy Wölfli geleitet und blieb an der ETH-Hönggerberg domiziliert (siehe Kapitel 10). Schliesslich wurde die Abteilung „Experimentelle Einrichtungen" in die SIN-Forschungsabteilung (SINFA) umstrukturiert mit dem Ziel, dass Wissenschafter des SIN verstärkt eigene grosse Experimente durchführten.

Im Herbst 1986 trat Frieder Lenz aufgrund einer Berufung die Leitung der Theoriegruppe an Milan Locher ab. Im Jahr 1987 wurde das ehemalige RCA-Forschungslabor ins SIN eingegliedert. Sein Leiter blieb Karl Knop, der in die Direktion des SIN eintrat.

Am Aufbau und später am Betrieb des SIN waren viele Personen beteiligt, die im vorliegenden Text bisher nicht aufgeführt sind. Alle Namen zu berücksichtigen würde den Rahmen dieser Geschichte sprengen. Wir begnügen uns mit einem Ausschnitt des Bildes vom September 1973 (Seite 64) und geben die Namen an, die nachträglich eruiert werden konnten.

Bild 75: Ein Grossteil des PSI-Personals versammelte sich im September 1973 um den Ringbeschleuniger herum.

Wer ist im Bild?

(Liste der Personen von links oben nach rechts unten - die Listen stammen von W. Joho, U. Schryber und D. Brombach)

Vierte Reihe:

L. Dorra, Ch. Tschalär, C. Petitjean, NN, F. Adamec, NN, A. Brunner (NZZ), N. Straumann (Uni ZH), H. J. Gerber, P. F. Meier, H. Oehninger, E. Mollet, E. Steiner, Evi Madlener, J. Zichy, G. Irminger, G. Hauswirth, R. K. Ray, Erika Huber, F. Reinath, Schwarz, U. Hofer, NN

Dritte Reihe:

R. Kramer, G. Agardi, Steiner (Uni ZH), A. Janett, P. Sigg, R. Häussler, H. Leber, W. Keller, P. Lanz, L. Rezzonico, I. Chini, T. Schaub, U. Schryber, J. Duvoisin, W. Rothacher, A. Grüebler, H. Fischer, R. Bidler

Zweite Reihe:

H. Meier, NN, E. Tremp, R. Balsiger, H. Baumann, E. Aebli, R. Reimann, N. Bezic, A. Paulin, NN, NN, B. Bischof, S. Adam, N. Schmid, L. Besse, Missaghi, R. Hasan, M. Märki, R. Kaegi, J. Chérix, H. Einenkel, P. Rudolf, P. Jokinen, F. Beck, A. Jucker, R. Illi, P. Meyer, J. Collins, Plüss, NN,R. Schumacher, NN

1. Reihe:

U. Rohrer, E. Wagner, T. Blumer, Ch. Perret, C. Perotto, NN, NN, NN, E. Mariani, E. Marcolongo, NN, I. Jirousek, P. Ziegler, E. Baumann, H. Haller, A. Boss, NN, H. Fahrenholt, Hedi Naef, P. Gross, NN, Heidi Pozzato, Beatrice Burger

Hinter der Maschine:

D. Brombach, W. van der Hoef, D. Babic, J. Waleffe

Auf den Kavitäten:

M. Olivo, H. Willax, W. Joho, T. Stammbach, H. Zubler, U. Kalt, H. Marti (BBC), Christa Markovits, H. Frei, R. Brunner, Schiesser, A. Rölli

[Bild von W. Joho; Listen von W. Joho/U. Schryber und D. Brombach]

Wissenschaftliche Kommissionen

Ein wichtiger Bestandteil der Organisation des SIN waren die wissenschaftlichen Kommissionen. Sie brachten die Sicht von aussen ein und dienten somit der Qualitätssicherung.

Das SIN besass ab 1966 eine Wissenschaftliche Kommission. Deren Zusammensetzung ist im Kapitel 7 beschrieben. Im Lauf der Zeit wechselten die Mitglieder. Neu kamen hinzu Ch. Haenny (EPUL) und D. Maeder (Uni Genf).

Gemäss der neuen Verordnung wurde auf Anfang 1978 zudem, analog wie bei den anderen Annexanstalten, eine Beratende Kommission eingesetzt. Diese umfasste die am SIN interessierten Kreise und rapportierte sowohl dem Direktor des SIN als auch dem Schweizerischen Schulrat. Der Schulrat wählte als deren acht Mitglieder: Prof. Ernst Heer (Präsident, Uni Genf), Prof. Urs Hochstrasser (Direktor des Amts für Bildung und Forschung), Hans Lauri (Eidg. Finanzverwaltung), Prof. Christian Schlatter (Uni Zürich), Prof. Norbert Straumann (Uni Zürich), Prof. Gerard Wanders (Uni Lausanne), Prof. Anselm Citron (Uni Karlsruhe), Prof. Florian Scheck (Mainz). Im Lauf der Jahre wechselten die Mitglieder wie üblich in derartigen Kommissionen. Es kamen hinzu Prof. Christian Trepp (ETH), Prof. Beat Hahn (Bern), Prof. Gisbert zu Putlitz (Heidelberg), Bernard Ecoffey (Finanzverwaltung) sowie Anton Menth (BBC). Die Beratende Kommission löste die Wissenschaftliche Kommission ab, die in reduzierter Form weitergeführt wurde und sich mit Fragen der Zukunft des SIN befassen sollte. Ihr gehörten nun an die Professoren Florian Scheck (Mainz), Hedi Fritz-Niggli (Zürich), Jean Kern (Fribourg), Lukas Schaller (Fribourg), Roland Engfer (Zürich), Hans Blattmann (SIN und Uni Zürich), Gerrit W. Barendsen (Rijswijk), Otto Kofoed-Hansen (Kopenhagen), Alfred Seeger (Stuttgart), Colin Wilkin (London). Diese vertraten verschiedene Forschungsgebiete des SIN. Auch hier erneuerte sich die Zusammensetzung im Lauf der Jahre. Es kamen hinzu Ingo Sick (Basel), Ch. Michel (Zürich), H. Müller (Zürich), J. Deutsch (Louvain), F. Foroughi (Neuchâtel), Willy Haeberli (Madison), Wolfgang Pohlit (Frankfurt/M), Peter Truöl (Zürich) und W. Baltensperger (ETH)

1985 vereinfachte das SIN die Struktur seiner Kommissionen, indem eine einzige Benützerversammlung mit zwei Untergruppen eingeführt wurde. Damit wurde auch eine engere Zusammenarbeit zwischen den Forschungsgebieten sowie vermehrte Mitsprache der Benützer bei der künftigen Entwicklung des SIN bezweckt.

Der Übergang zum Paul Scherrer Institut

Auf Anfang 1988 wurde das SIN mit dem EIR zum PSI fusioniert. Das Organigramm aus dem ersten Jahresbericht des PSI ist im nächsten Bild 76 dargestellt. Dieses macht die Fusion sichtbar. Die Forschungsbereiche F1 und F4A entsprechen den ursprünglichen Missionen der beiden Vorgängerinstitute. Die Forschungsbereiche F2 und F3 gruppieren die Anwendungen, welche im Lauf der Jahre in beiden Instituten entwickelt worden waren. Der Forschungsbereich 4B schliesslich – auch er geht auf Initiativen zurück, die schon das EIR ergriffen hatte – stellt den Aufbaubereich „Nichtnukleare Energieforschung" dar. Bei den beiden Infrastrukturbereichen B8 und B9 ist besonders der erstere stark auf die Grossforschungsanlagen des ausgerichtet, welche das PSI übernommen hatte und weiter entwickelte.

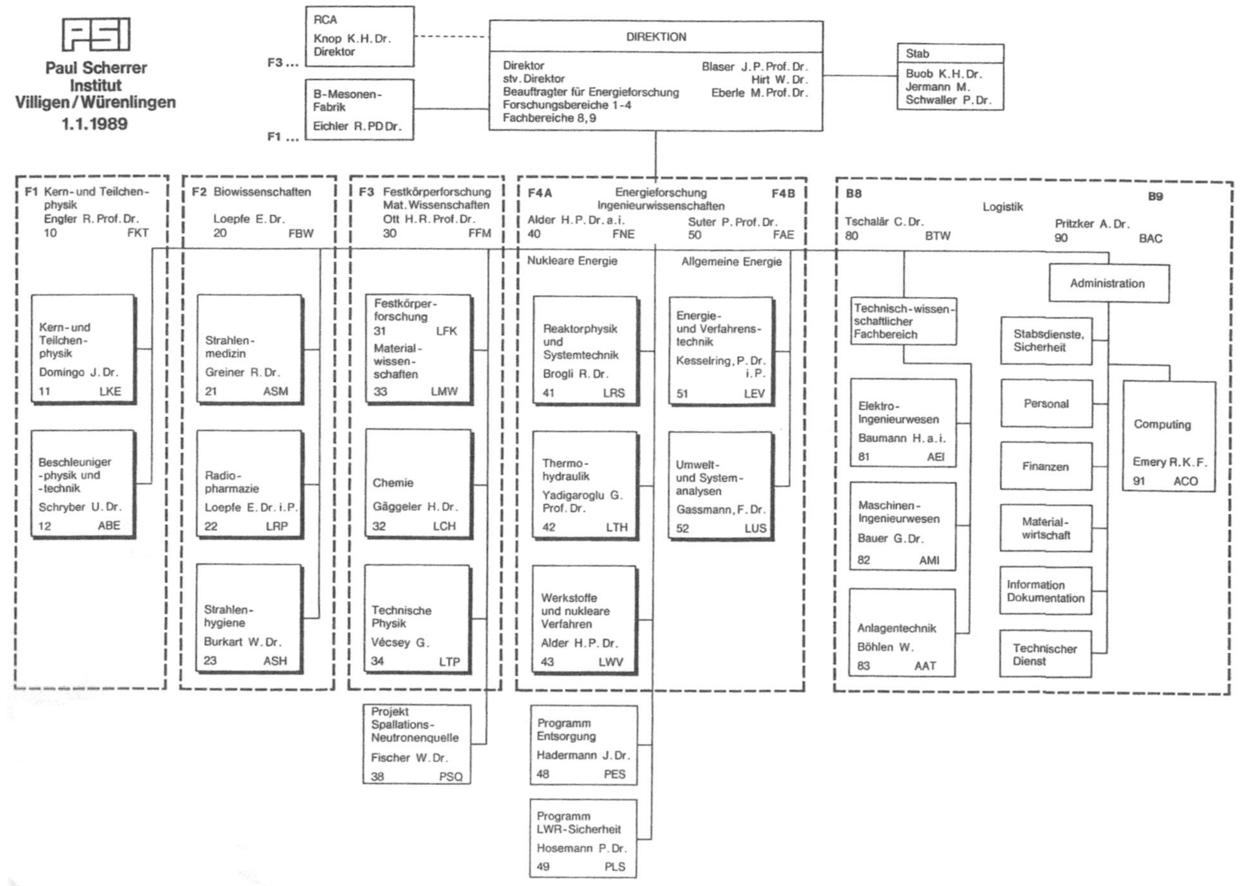

Bild 76: Organigramm des PSI 1988

Anhang 3: Die Entwicklung der Experimentierhalle

Die Entwicklung der Areale in der Experimentierhalle des SIN zeigt, dass sich das SIN den Bedürfnissen der Forschenden anpasste und bereit war, hierfür beträchtliche Investitionen vorzunehmen.

Im Folgenden bezeichnen M und E die entsprechenden (Hochenergie-)Targets, an deren Pionen- und Müonenstrahlen die Areale angeordnet sind.

Im Jahr 1969 waren erst drei Niederenergieareale A, B, und C geplant, während die Hochenergietargets noch in Entwicklung waren. Schon bald wurden die Areale B und C zusammengelegt.

1970 sahen die SIN-Physiker folgende Hochenergieareale vor: PiM1 bis PiM4, PiE1 bis PiE3, MüE1 und MüE2 sowie pM1 und zwei Neutronenareale. 1972 fiel PiM4 weg. Es verblieben folgende Areale:

PiM1   Strahl höchster Auflösung und hoher Energie
PiM2   Strahl niedriger Energie
PiM3   Strahl mittlerer Auflösung und hoher Energie
PiE1   Strahl hoher Auflösung und höchster Energie
PiE2   Strahl für gestoppte Pionen
PiE3   Strahl für Biologie und Medizin
MüE1
MüE2
pM1   Strahl polarisierter Protonen
nE1   Strahl unpolarisierter Neutronen
nE2   Strahl polarisierter Neutronen

Die Areale PiM2 und nE2 wurden nicht verwirklicht. Die Liste entspricht somit dem Hallenplan in Bild 21, wobei im Areal PiE2 auch Müonen genutzt werden können.

Bereits 1973 wurden geplant oder waren in Bau die folgenden Spektrometer im Hinblick auf die Aufnahme des Experimentierbetriebs im Sommer 1974:

Pionenspektrometer
Kristallspektrometer
Gamma-Paarspektrometer

Das Bild „1975" (dieses und die folgenden Bilder stammen aus den Jahresberichten des SIN) zeigt den Hallenplan Ende 1975. Dieser enthält bereits geplante Areale ausserhalb der Experimentierhalle. Die Eisenarmierungen in der Westwand waren weitsichtig von Anfang an so verlegt worden, dass der Protonenstrahl später auch einem „Westareal" zugeführt werden konnte. Das Bild „1976" zeigt die Experimentierhalle, Stand vom September 1976. Darauf sind die Pionen und Müonenareale mit den entsprechenden Spektrometern eingezeichnet:

1976 ist bereits eine Isotopenproduktionsanlage am Injektor I in Betrieb. Zudem wurde aus dem PiE2- das MüE4-Areal, weil ein grosser Bedarf nach Müonen aufkam.

Das Bild „1982" zeigt die Experimentierhalle im Jahr 1982. Folgende Einrichtungen sind in der Zwischenzeit hinzugekommen:

das Target PiKS mit dem Kristallspektrometer für das sogenannte Gatchina-Experiment für die Untersuchung pionischer Atome,
die biomedizinische Anlage (BMA) mit dem Piotron,
das neue Niederenergieareal C.

Zudem befindet sich der Injektor II samt Vorbeschleuniger im Aufbau.

Das Bild „1985" zeigt die Experimentierhalle mit Stand 1985. Hier sind neu hinzugekommen die Anlage OPTIS für die Augentherapie des Krebses sowie das Areal für das PIREX-Experiment. Ausserdem wurde eine zweite Isotopenproduktionsanlage aufgebaut, und zwar am Injektor II.

Im Bild „1987", das den Stand von 1987 (vor der Fusion mit dem EIR) zeigt, ist neu der Grossdetektor SINDRUM im MüE1-Areal aufgeführt. Die Experimentierhalle wurde verlängert. In ihrer Südostecke wurde das ATEC-Areal eingerichtet, in welchem radioaktive Komponenten behandelt werden können.

Schliesslich existierte ab 1984 ein Experimentierhallenplan der Zukunft, Bild „Zukunft". Darin ist die Neutronenquelle SINQ mit der Neutronen- und der Neutronenleiterhalle eingezeichnet, ebenso das grosse LEPS-Spektrometer im PiE3-Areal.

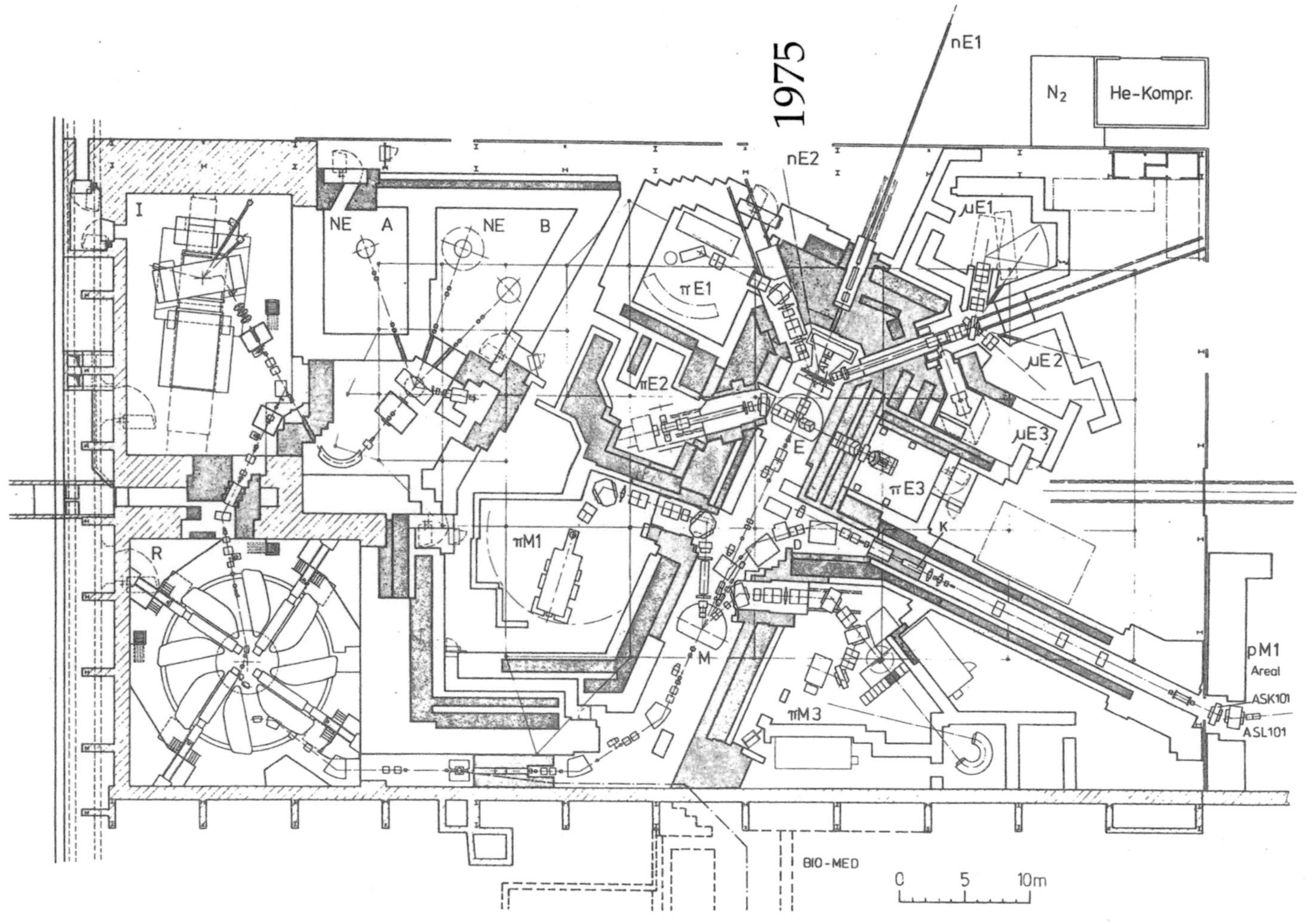

1975
nE1
N₂
He-Kompr.
nE2
μE1
I
NE A
NE B
πE1
μE2
πE2
μE3
E
πE3
πM1
K
R
D
M
pM1
Areal
ASK101
ASL101
πM3
BIO-MED
0   5   10m

SIN-Strahlführungssystem (September 1976)

1 Injektorzyklotron	6 Protonenkanal	11 Target M (dünn)	16 Strahlstopper
2 Ringzyklotron	7 supraleitende Müonenkanäle	12 Target E (dick)	17 polarisierte Protonen
3 Analysierbunker	8 Pionenspektrometer	13 Pionen	18 biomedizinische Experimente mit Pionen
4 Niederenergieareale	9 Paarspektrometer	14 Müonen	
5 Isotopenproduktion	10 Kristallspektrometer	15 Neutronen	

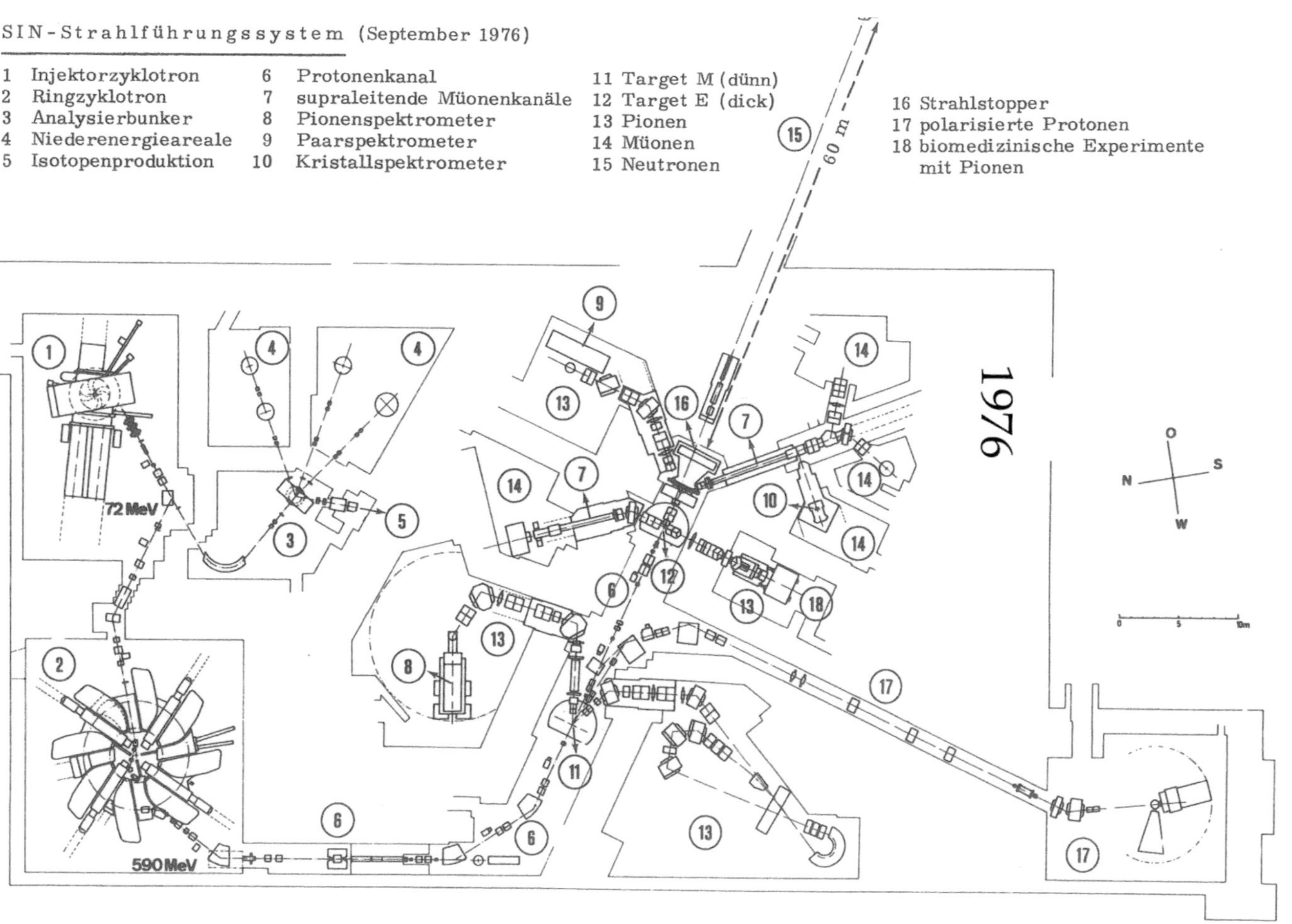

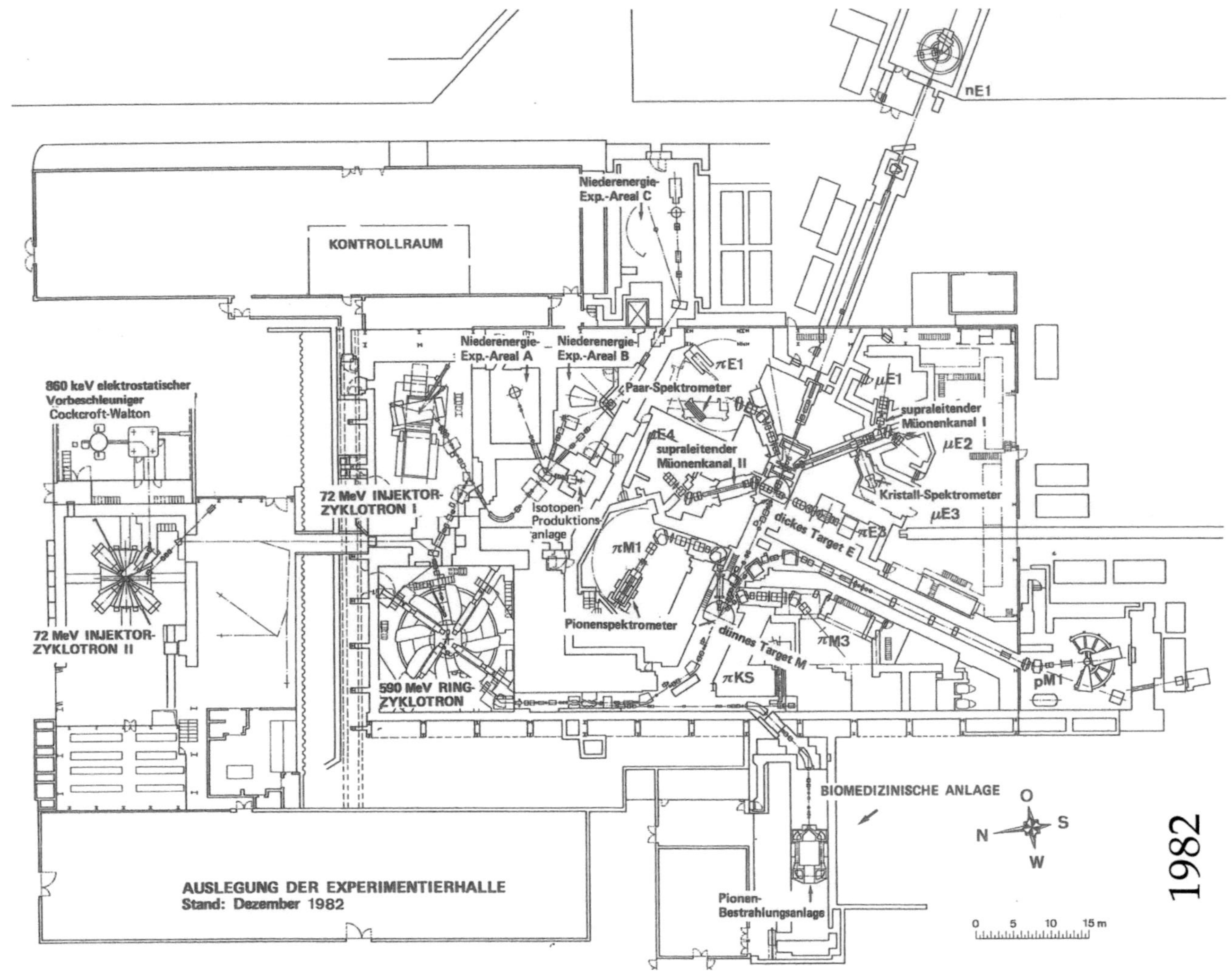

nE1
KONTROLLRAUM
Niederenergie-Exp.-Areal C
Niederenergie-Exp.-Areal A
Niederenergie-Exp.-Areal B
πE1
Paar-Spektrometer
µE1
supraleitender Müonenkanal I
µE2
µE4
supraleitender Müonenkanal II
Kristall-Spektrometer
µE3
πE3
860 keV elektrostatischer Vorbeschleuniger Cockcroft-Walton
Isotopen-Produktions-anlage
dickes Target E
72 MeV INJEKTOR-ZYKLOTRON I
πM1
Pionenspektrometer
dünnes Target M
πM3
pM1
72 MeV INJEKTOR-ZYKLOTRON II
590 MeV RING-ZYKLOTRON
πKS
BIOMEDIZINISCHE ANLAGE
N O S W
1982
AUSLEGUNG DER EXPERIMENTIERHALLE
Stand: Dezember 1982
Pionen-Bestrahlungsanlage
0 5 10 15 m
172

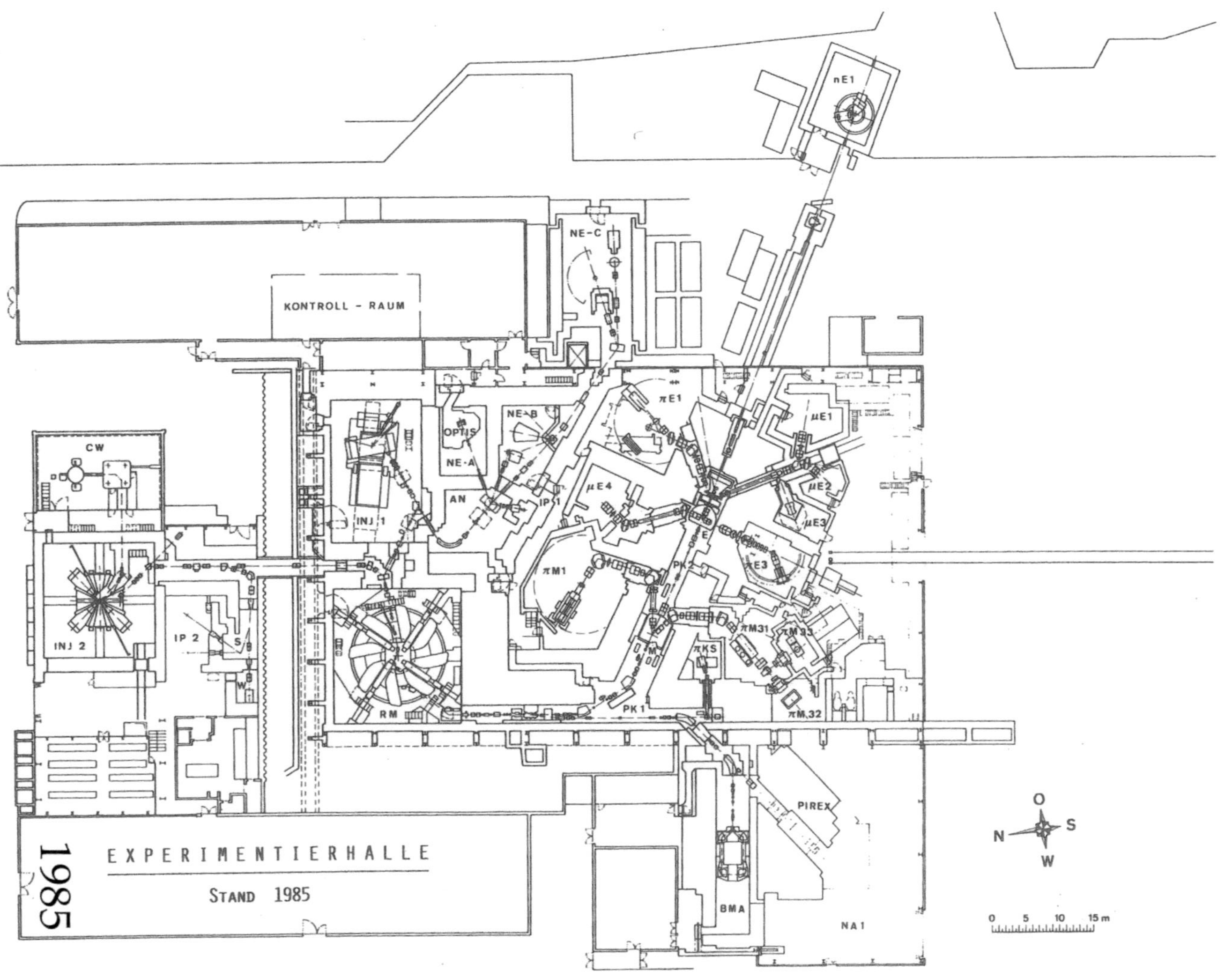

nE1
NE-C
KONTROLL – RAUM
CW
INJ 1
INJ 2
IP 2
S
W
AN
NE-A
NE-B
OPTIS
IP 1
πE1
μE1
μE2
μE3
μE4
E
E3
πM1
PK 2
πM31
πM33
πKS
πM.32
RM
PK 1
PIREX
BMA
NA1
EXPERIMENTIERHALLE
STAND 1985
1985
173
N O S W
0 5 10 15 m

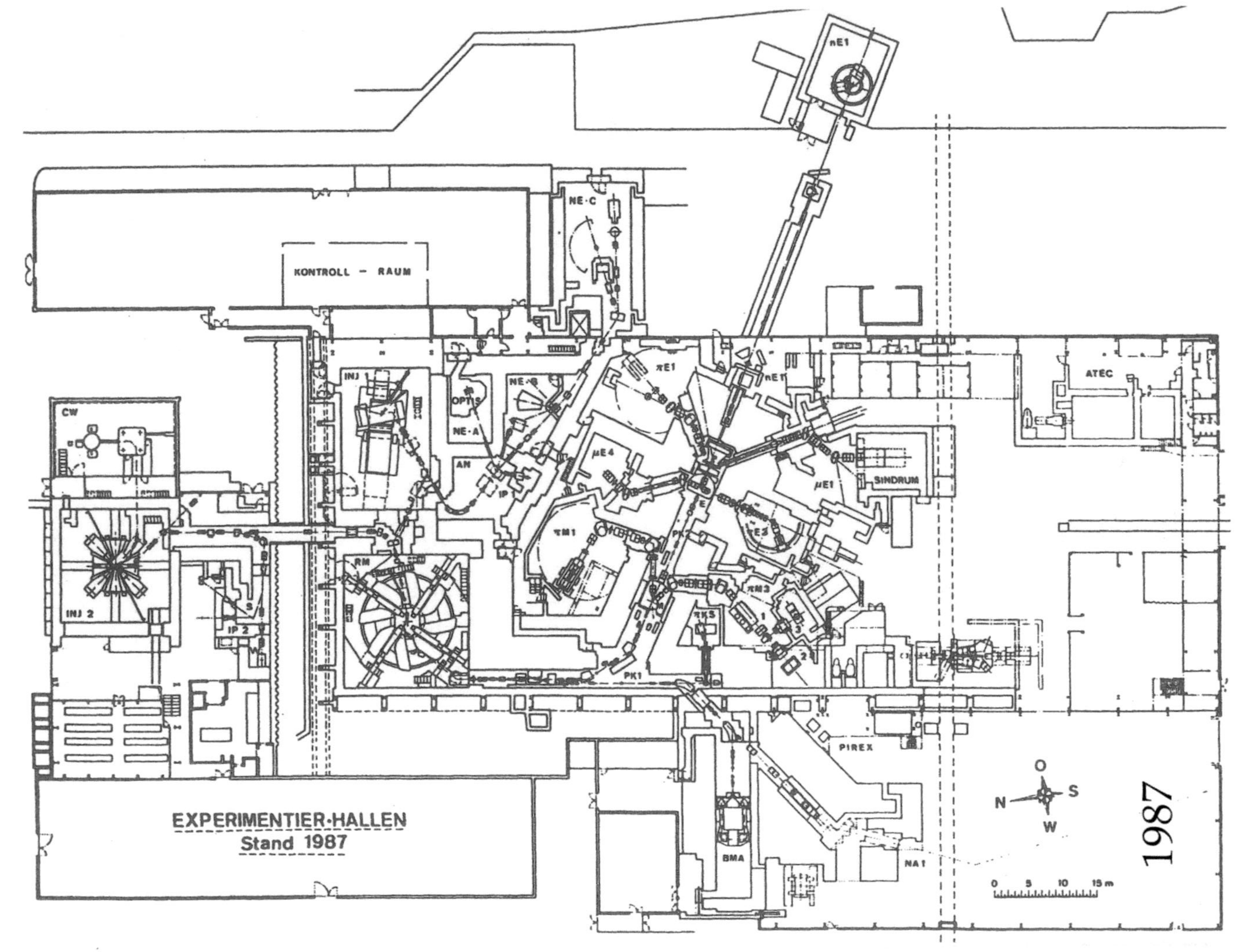

EXPERIMENTIER-HALLEN
Stand 1987
1987
KONTROLL — RAUM
NE-C
ATEC
CW
INJ 2
NE-A
NE-B
NE1
SINDRUM
PIREX
BMA
NA1
N O S W
0 5 10 15 m

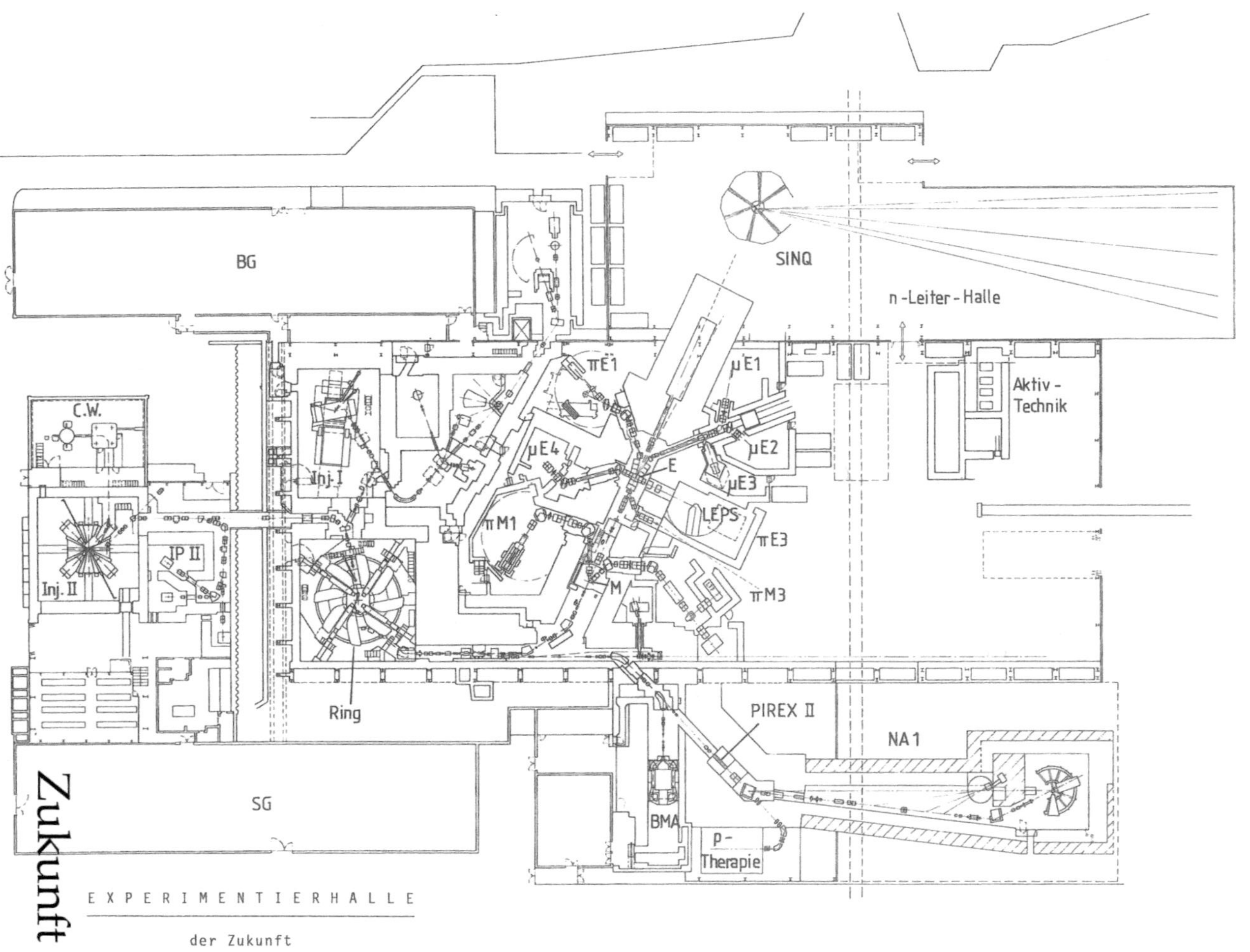

BG
SINQ
n-Leiter-Halle
Aktiv-Technik
πE1
μE1
C.W.
Inj. I
μE4
E
μE2
μE3
LEPS
πE3
Inj. II
IP II
πM1
M
πM3
Ring
PIREX II
NA 1
SG
BMA
p-Therapie
Zukunft
EXPERIMENTIERHALLE
der Zukunft

Glossar von Fachausdrücken

Energieeinheit in der Kern- und Teilchenphysik

Elektronenvolt (eV): Bewegungsenergie eines einfach geladenen Teilchens, nachdem es mit einer Spannung von 1 Volt beschleunigt wurde. keV= Kiloelektronenvolt (Beschleunigungsspannung 1000 Volt), MeV= Megaelektronenvolt (Spannung 1 Million Volt), GeV= Gigaelektronenvolt (Spannung 1 Milliarde Volt), meV= Millielektronenvolt (Spannung 1 Tausendstel Volt)..

Teilchen

Proton: Stabiles, elektrisch positiv geladenes Elementarteilchen, Kern des Wasserstoffatoms. Oft in Teilchenbeschleunigern als Projektil zur Erzeugung anderer Teilchen eingesetzt.

Neutron: Elektrisch neutrales Elementarteilchen. Es ist, neben dem Proton, Bestandteil der Atomkerne. Sofern das Neutron nicht in einem Atomkern gebunden ist („freies" Neutron), ist es nicht stabil.

Nukleon: Bestandteil des Atomkerns, entweder ein Proton oder ein Neutron.

Elektron: Negativ geladenes Elementarteilchen. Atome bestehen aus den Atomkernen und einer Hülle aus Elektronen.

Positron: Positiv geladenes Elektron. Treffen Elektronen und Positronen mit hoher Energie (etwa 5 GeV) aufeinander, erzeugen sie B-Mesonen. Positronen werden bei bestimmten radioaktiven Zerfällen produziert und können in der medizinischen Diagnostik verwendet werden (Positronen-Emissions-Tomographie PET).

Mesonen: Instabile Elementarteilchen von kurzer Lebensdauer, entstehen bei hochenergetischen Teilchenkollisionen.

Pi-Meson oder Pion: Wird am SIN-Beschleuniger durch Beschuss von Materialien wie Kohlenstoff oder Beryllium erzeugt. Wird in Experimenten der Kern- und Teilchenphysik verwendet, früher zudem in der Krebstherapie.

Mü-Meson oder Müon: Zerfallsprodukt des Pions. Ähnelt dem Elektron, ist aber schwerer. Neben Anwendungen in der Kern- und Teilchenphysik dient es besonders als Sonde in Festkörperphysik und Chemie.

Deuteron: Schwerer Wasserstoffkern aus einem Proton und einem Neutron.

Alphateilchen: Helium-4-Kern aus zwei Protonen und zwei Neutronen.

Polarisierte Teilchenstrahlen: Der Spin (Eigendrehimpuls) der Teilchen ist gleich ausgerichtet.

Teilchenbeschleuniger

Teilchenbeschleuniger sind Geräte, in denen geladene Teilchen durch elektrische oder elektromagnetische Felder auf grosse Geschwindigkeiten beschleunigt werden. Dazu muss im Innenraum des Beschleunigers Vakuum herrschen.

Cockroft-Walton-Generator: Anlage zur Erzeugung einer hohen elektrischen Gleichspannung. Diese wird durch eine sogenannte Kaskadenschaltung erzeugt, welche von Heinrich Greinacher entwickelt wurde.

Van-de-Graaff-Generator, auch Bandgenerator genannt: Anlage zur Erzeugung einer hohen elektrischen Gleichspannung, 1929 vom amerikanischen Physiker Robert van de Graaff entwickelt. Oft als Teilchenbeschleuniger an Hochschulinstituten eingesetzt.

Linearbeschleuniger oder Linac: Beschleunigt Teilchen entlang einer geraden Strecke durch aufeinander folgende sogenannte Driftröhren (Elektroden), zwischen denen eine Wechselspannung wirkt. Das Prinzip geht zurück auf Rolf Wideröe.

Zyklotron: Kreisförmiger Teilchenbeschleuniger. Im Gegensatz zum Linearbeschleuniger werden die Teilchen mit Hilfe eines Magnetfeldes in eine spiralähnliche Bahn gebracht, sodass sie eine oder mehrere Beschleunigungsstrecken mehrfach durchlaufen. Wurde von Ernest Orlando Lawrence erfunden.

Synchrotron: Kreisförmiger Beschleuniger. Zur Beschleunigung wird ein passend synchronisiertes hochfrequentes elektrisches Wechselfeld (Mikrowellen) verwendet. Die Teilchen werden durch – abhängig von der erreichten Energie – nachgeregelte Magnetfelder auf eine in sich geschlossene Bahn geleitet und erreichen dabei Geschwindigkeiten nahe der Lichtgeschwindigkeit. Das Synchrotron wurde unabhängig in den USA von Edwin McMillan und in der Sowjetunion von Wladimir Weksler entwickelt.

Synchrozyklotron: Spezielles Zyklotron nach Edwin McMillan, in welchem die Frequenz des Hochfrequenzfeldes der Teilchengeschwindigkeit angepasst wird, um den relativistischen Massenzuwachs der Teilchen zu kompensieren, während im klassischen Zyklotron diese Frequenz konstant ist.

Radioaktivität

Radioaktiver Zerfall oder Kernzerfall ist die Eigenschaft instabiler Atomkerne, sich spontan unter Energieabgabe umzuwandeln. Die freiwerdende Energie wird in fast allen Fällen als ionisierende Strahlung, nämlich energiereiche Teilchen- und/oder Gammastrahlung, abgegeben.

Neutronenquelle

Liefert Neutronen für die Erforschung der Materie, bei deren Durchquerung die Neutronen nur die Atomkerne „sehen". Die Neutronen entstehen durch Kernspaltung (im Reaktor) oder durch Spallation (in der Spallationsquelle) und müssen so abgebremst (moderiert) werden, dass ihre Geschwindigkeit und somit ihre „Wellenlänge" für das zu untersuchende Objekt geeignet sind. Verbreitet sind thermische Neutronen mit einer Energie unter 100 meV, deren Geschwindigkeit einer Temperatur von rund 300 Grad Kelvin (Zimmertemperatur) entspricht. Werden die Neutronen noch stärker abgebremst (kalte oder ultrakalte Neutronen), verkleinert sich ihre Energie, und ihre Wellenlänge wird damit grösser.

Synchrotronlichtquelle

Synchrotronstrahlung – sehr intensive Strahlung mit Wellenlängen von Licht über Ultraviolett bis zur Röntgenstrahlung – entsteht, wenn man die Elektronen wie in einem Synchrotron mit Magnetfeldern auf eine Kreisbahn zwingt. Die Strahlung kann in Festkörperphysik, Materialwissenschaften und Biologie angewendet werden.

Quellen und Bildnachweis

Wissenschaftsgeschichte

H. Wäffler: „Forschung in Kernphysik an der ETH Zürich – 1928 bis 1960", Paul Scherrer Institut, Villigen 1991 [Kernphysik an der ETH-Zürich, Zyklotronplanungsgruppe]

K. Alder: „Gedenkveranstaltung zum 100. Geburtstag von Paul Scherrer", Paul Scherrer Institut, Villigen 1990 [Kernphysik an der ETH-Zürich, Zyklotronplanungsgruppe]

A. Hermann, L. Belloni, U. Mersits, D. Pestre, J. Krige: „History of CERN Vol. I", North Holland, 1987 [CERN-Anfänge]

Ch P. Enz, B. Glaus, G. Oberkofler: „Wolfgang Pauli und sein Wirken an der ETH-Zürich", vdf-Hochschulverlag an der ETH Zürich, 1997 [Auswertung der Schulratsprotokolle im Zusammenhang mit der Hochenergiephysik und der Wahl von Jean-Pierre Blaser an die ETH]

P. Truöl: „Myonen und Pionen in Teilchenphysik und Anwendungen", Naturforschende Gesellschaft in Zürich, 2007 [Forschungsprogramm am SIN]

P. Allenspach, R. Eichler, A. Furrer, K. Gabathuler, D. Herlach, W. Joho, E. Pedroni, A. Schenck, P. Schmelzbach, Th. Stammbach, H.C. Walter: „25 Jahre Ringzyklotron am Paul Scherrer Institut – Geschichte, Ergebnisse, Zukunft", SPECTRUM Spezial (Hauszeitung des Paul Scherrer Instituts), 1999 [SIN-Beschleunigeranlage, Forschung und Anwendungen]

Schweizerische Biographien

„Historisches Lexikon der Schweiz (HLS)", Stiftung HLS, ab 1988; in elektronischer Form: www.hls-dhs-dss.ch

SIN-Dokumente

SIN: Jahresberichte 1969 bis 1987

SIN: „Zukünftige Aufgaben des Instituts, Stand der Arbeiten im Sommer 1970"

SIN: „Der neue Injektor für die SIN Beschleunigeranlage", Konzeptbericht, Dez. 1973

„Das Schweizerische Institut für Nuklearforschung in Villigen – Ein nationales Forschungszentrum", allgemein verständliche Broschüre, herausgegeben vom SIN vermutlich um 1974.

Rechtliche Grundlagen und Geschäfte der eidgenössischen Räte

Bundesblatt sowie Amtliches Bulletin der Bundesversammlung, in elektronischer
Form: www.admin.ch/ch/d/ff/, Teil 1849 - Juni 1999 [Baubotschaften des ETH-Bereichs; frühere gesetzliche Erlasse sind nicht mehr abrufbar, da die Sammlung nur
die geltenden Erlasse enthält.]

Geschäfte des Bundesrats und der Schweizerischen Schulrats

Die hier zitierten Unterlagen und Beschlüsse entstammen persönlichen Archiven.
Ihr jeweiliger Inhalt wurde jedoch der Öffentlichkeit kommuniziert.

Bildnachweis

Die Zahlen bezeichnen die Bildnummern.
AVES-Bulletin 25 (1988) : 61
Blaser Jean-Pierre : 39, 56, 67, 69, Umschlagfoto vorn
CERN : 5
ETH-Zürich, Bibliothek, Bildarchiv : 1, 4
Joho Werner : 9, 11, 30, 35, 43, 44, 54, 75
Lawrence Berkeley National Laboratory : 2, 6
Markovits Christa : 32, 65
Olivo Miguel : 33, 66
PSI Bildarchiv : 10, 12, 13, 14, 15, 16, 17, 18, 19, 20, 23, 24, 25, 26, 27, 28, 29, 36, 40, 41,
42, 45, 46, 47, 51, 52, 53, 55, 60, 63, 64, 68
PSI Jahresbericht : 76
SIN Jahresbericht : 57, 59, 62, 70, 72, 73, 74
Steiner Erich : 21, 22, 31, 34, 37, 38, 48, 49, 50, 58
Wikipedia : 3, 7, 8

Personenregister

Aus den vorhandenen Unterlagen liessen sich nicht bei allen Personen die Vornamen eruieren.

Weitere Bücher von Andreas Pritzker

werden vorgestellt auf

www.munda.ch